食得有理

選擇良藥之秘本

推薦序

中藥——我們自小吃到大，但都吃對了嗎？作者憑藉對中藥的酷愛，以少女心事去導引大家領略中藥的濃淡深淺。從一碗廣東涼茶到保健療方也解構得淋漓盡致，筆觸淺白而動人。

浸會大學中藥房總主管
《信報》中藥專欄作家
梁家豪先生

推薦序

藥食同源在香港，君臣佐使顧健康。

作者的書覆蓋了香港大部份市面上、市民經常接觸到含中藥成份的食品。文章中取食品和中藥的性味，兼有大量文獻和研究的補充，有助大眾更了解體質和食療的相關性。乃香港中醫藥書中的「土炮」。

**品味藥業有限公司 /
必應中醫診所
註冊中醫師
曾偉恒先生**

黃願瑾執業藥師以今世情懷，著書講解日常保健湯水膳食的原理及應用，給傳統的內涵添上年輕的風格。年輕新一代讀者與作者容易心靈相通，可以品嘗分享食療與養生，實在靈巧美妙。

本書推動傳統保健文化及知識融入今世情懷，有助社會大眾保持身心健康，十分值得推薦。

**香港專業教育學院高級講師
註冊中醫師
關德祺博士**

食得有理
選擇良藥之秘本

不久前收到一個電話，她説要出一本書，想邀請我寫序，自己心想文筆不通又不是甚麼大人物，怕影響她，後來她發給我書中內容，叫我看看才決定。我看過後發現坊間很少這種類型的書籍，題材新鮮，好值得推薦給大家！最後都答應幫助她；她就是黃願瑾小姐。我認識她，始於在同一機構工作，但真真正正認識她，是某年夏天在國內一起實習，相處了半個月，發覺她是個聰明勇敢又漂亮，做事有幹勁，對中藥有濃厚興趣，對中醫藥業界充滿熱情的一個女孩子。

中藥食療歷史悠久，由古到今，人人對飲食追求越來越高，現在大家輕易上網搜尋適合自己身體的食療，

究竟大家又懂不懂甚麼中藥食療才適合自己呢？

中醫有講「治未病」，這個詞語出於《黃帝內經》，《素問•四氣調神大論》：「聖人不治已病，治未病；不治已亂，治未亂，此之謂也」；簡單來說是「預防勝於治療」；在未發病之前，用一些措施去預防或避免疾病的發生。我們又怎樣去預防呢？

這本書正好給大家答案，絕對適合忙碌的現代人，不用浪費時間上網搜尋，直接透過書中內容找尋適合自己身體的食療；這書資料豐富，照顧到生活各方面所需要；要預防疾病有傳統涼茶，生病了有感冒茶，要吃飯後甜品有中式糖水，要保健有米水，又有我們熟悉的龜苓膏，最重要連孕婦產後調理都照顧周到，曾有專家講過「女人作好月子，可以改善體質」，產後調理尤為重要，透過書中介紹，大家學懂如何進補，為自己調理好身體，這書值得推介給大家閱讀。

東華三院中醫專科門診服務
（東區）藥房主管
鍾偉洪先生

食得有理

選擇良藥之秘本

中醫中藥來源千古，隨着醫藥的普及化，各種保健產品令人花多眼亂，市面上隨處可以見到涼茶舖，甚至一家糖水店都會用上各種藥材製作糖水，例如一碗簡單的綠豆沙，除了美味外，我們可以更了解當中的藥用價值，根據明代醫學家李時珍的《本草綱目》載：「綠豆消腫下氣，治寒熱，止泄痢，利小便，除脹滿，厚實腸胃，補益元氣，調和五臟，安精神，去浮風，潤皮膚，解金石、砒霜、草本等一切毒。」綠豆味甘、性寒，無毒，入心胃兩經，單單一種常見的食材已經具有清熱消暑，利尿消腫，潤喉止渴及明目降壓的功效，對中暑與咽喉炎等還有不俗的療效。故中醫中藥與我們生活息息相關。

　　作者以自身的閱歷融合中醫中藥輯成了一本老少咸宜的書，以生命影響生命。書中更簡單分析了常見疾病不同的症候，使讀者更加了解疾病的寒熱虛實，從生活中的食療幫助大眾改善亞健康的問題，只要選擇對了，大家也能當上自己的好醫生。

註冊中醫師
陳敏娜女士

推薦序

序

慢慢覺醒歲月偷偷地流逝，

慢慢發現自己漸漸地成長，

慢慢開始更懂得愛惜自己，

慢慢願意聆聽身體的呼喚，

慢慢知道健康不是必然的事，

慢慢想變成更好的自己。

食得有理

選擇良藥之秘本

在人生路上，無論工作或愛情，我們都希望選擇合適自己的。選錯了，傷在心傷在身，最清楚莫過於自己。如果現在身邊未有一個懂得好好照顧自己的人，那我們應先學懂照顧自己，也許有一天，遇上對的他，給他看到最好的自己，也把一路上學會的，照顧着值得你愛的人。

在不同人生階段，學懂愛護自己的身體，保持及變成更好的，是我們這一輩子的學問。所以我們也應學懂選擇保健食品，食得不對，其實也是一種慢性毒品，保健食品也一樣，應選擇剛剛好的，把最合適的給親愛的自己。

我們開始意識到亞健康的問題，也開始意識到中藥有其特有的魅力，坊間也因而出現眾多以保健養生為賣點的商店。選擇產品時，要像看人一樣，要懂得看人心，所以我們也應懂得看產品上標明的成份及功效。

序

現時政府對保健品標籤及說明書規管，產品准予宣稱的功能不可超出以下範圍：清熱解毒、清熱降火、清熱祛濕、清熱化濕、清熱生津；清熱解暑、祛暑利濕、祛暑解表、健脾利濕；辛涼解表、利咽生津。

如果沒有接觸過任何中醫基礎理論，是否真的能完全理解以上的功能，能否幫助／舒緩現時的健康問題呢？有些產品標明哪種體質人士需注意或不適合，我們又是否真正了解自己所購買的產品，是否真的適合現時的身體狀況所飲用或食用？

是藥三分毒，無論食物或保健品，用量過多，用時過長，不合適情況下使用也會影響身體。我們的身體每天也進行變化，今天合適自己，明天可能不一樣，剛剛好尋找適合自己的，才是皇道。

許多時候我們要先選擇勇敢跨出去，給一點時間，給一點耐心，才會看到你意想不到的風景／事，無論你從前有沒有閱讀習慣，希望你能選擇閱讀此書。本書介紹市面上一些常見的產品，使大家更懂得選擇，成為更好、更健康的你。

也希望大家閱讀此書時，能抱着輕鬆心態，而
非要讀一本沉悶的工具書。閱讀能滋養我們的智慧、
身體和心靈。

每次的選擇也是給自己一個新的機會。

黃願瑾

目錄

食得有理

選擇良藥之秘本

第 3 章　感冒茶

第 4 章　咳嗽茶

第 5 章　民間產後補品

第 6 章　傳統中式糖水

第 7 章　米水

第 8 章　常見飲品

第一章

藥製膏類

食得有理

選擇良藥之秘本

曾經與朋友傾談中，突然談起人生哲學問題：你會選擇年少先苦，老來回甘，或是年少輕鬆耍樂，老來才苦？相信大半數也會選先苦後甜。

　　但突然有個朋友說：你大半生辛辛苦，以為終於可享受之時，原來時間已由未來每分秒往今天迫近，而倒數的日子是個問號，可能只是一天，所以沒有先苦後苦之分。

　　生活本來就不容易，何不苦中也加一點甜？

　　一啖苦中也滲半點甜，就如龜苓膏／枇杷膏也會加糖漿一樣。

龜苓膏

龜苓膏這個名字相信對大家一點都不陌生，這碗黑黑的啫喱，加一點點的糖漿，攪拌一起食用，苦中帶甜，也算是夏天的涼品。相傳最初是專門供奉給皇帝食用的名貴藥膳珍品，它經由多種藥材煎煉而成，藥方再慢慢流傳至坊間造福人民。

市面上常見的龜苓膏的主要成份有龜板和土茯苓，但不同的生產商或老字號涼茶店的龜苓膏均有其獨門秘方，會添加不同的中藥材成份及份量，有些加入 18 種以上不同中藥材，如生地、金銀花、荊芥、白鮮皮等。不同的中藥材和其成份比例，也會影響整個龜苓膏的功效和服用者的反應。

龜苓膏

　　龜苓膏中的龜板屬寒性，有一定的清熱
作用，其作用為滋陰潛陽，滋補肝腎陰，消
退因陰虛而出現手心腳底熱、經常口渴、小
便黃等內熱不適的症狀，所以適合因陰虛而
出現一些體內熱症不適的人士。另有益腎健
骨的作用，中醫角度認為補腎同時也能補骨，

現在也有不少中醫理論、實驗研究和臨床研究也表明骨質疏鬆的病因之一為腎虛。這樣一看，龜板的好處很多，但仍需注意的是現代藥理研究指出，龜板對子宮有興奮作用，加強收縮，所以孕婦、經痛者及月經期間都不宜食用。因性質寒涼，所以脾胃虛寒的人士，即如你的舌頭邊緣出現齒痕、食慾差、容易腹脹腹痛、大便稀爛也不建議使用。

　　而龜苓膏中的土茯苓，有解毒除濕作用，中醫藥角度認為對因濕毒而引起的皮膚問題如瘡瘍、濕疹及女性白帶偏多有舒緩功用，現時也有藥理研究指出土茯苓所指的通利關節作用，對於痛風有幫助，具有抗痛風及降尿酸的藥理作用，土茯苓對黃嘌呤氧化酶（XOD）有抑制作用，能抑制尿酸形成，從而降低血中尿酸含量及落新婦苷（Astilbin）

成份，有利尿和鎮痛作用。

如果在龜苓膏添加生地黃，有加強龜板滋陰、清解內熱的作用。添加金銀花、荊芥能增加疏散表面風邪作用，中醫藥角度認為有舒緩因風邪而引起的皮膚問題如痕癢，金銀花更加強土茯苓中的解毒作用。加入白鮮皮則能加強土茯苓除濕和解毒作用。

龜苓膏屬偏寒涼的食品，適合容易感到手心腳底發熱、經常口渴、小便黃的陰虛虛熱症狀，同時身體出現因風、毒、濕邪而引發的皮膚問題，如瘡痘、濕疹等問題的人士。如果有以上問題，但脾胃屬虛寒、體質較弱、容易肚瀉、月經期間、容易經痛、孕婦都不建議服用。

但為了配合體質較虛弱及偏寒的人士服用，市面有些龜苓膏會加入靈芝、黃芪、人參、花旗參、鹿角等等的補益藥，以加強治

標及固本的作用。靈芝性質平和，能增加補氣益血的作用。而花旗參的性質偏寒，能加強清熱作用和增加補氣養陰的作用。人參和黃芪性質偏溫，能中和龜苓膏偏寒性質。人參能增加補脾肺的作用，大補身體的元氣。黃芪能補肺衛氣，從而穩定汗液分泌，增強自身疫力，幫助容易感冒的人士，其次能加快瘡痘排膿及消退，盡快收復皮膚至健康水平。鹿角藥性偏溫，可以中和龜苓膏偏寒性質，又能溫腎陽，有舒緩女士容易怕寒、手腳冰冷、腰冷痛的問題，同時對於皮膚有活血怯瘀的作用，能改善微循環，有助減淡瘡痘印等色素沉着的問題。

加入補益藥的龜苓膏，藥性較平和，適合體虛及體質偏寒的人士，同時身體出現因熱、毒、濕邪而引發的皮膚問題，如瘡痘、濕疹等問題人士。但要注意因有補益藥成份，從中醫藥角度，有表症期間服用補益藥，會使病邪困於體內，難以康復，所以如感覺到有感冒先兆及正在感冒的人士，都不建議服用。

陰虛內熱

- 手心、腳底發熱
- 經常口渴
- 小便顏色偏黃、量小
- 大便質偏乾硬
- 皮膚問題：乾燥、瘡痘、濕疹

藥製龜苓膏

氣虛體弱

- 經常疲倦
- 說話聲音低弱
- 靜止狀態，容易出汗
- 抵抗力較差
- 手腳容易冰冷

加入補益藥的龜苓膏
如：靈芝龜苓膏、人參花旗參龜苓膏等。

有以下狀況，都不適合食用

脾胃屬虛寒
- 容易肚瀉
- 容易肚痛
- 大便質地稀爛
- 胃部感寒涼，隱隱疼痛
- 食慾差

感冒
- 流鼻水
- 頭痛
- 咳嗽
- 發燒
- 周身骨痛

女士方面
- 月經期間
- 容易經痛
- 懷孕中

食得有理
選擇良藥之秘本

枇杷膏

我們長時間處於冷氣環境或工作需要經常說話，都會容易出現嗓子沙啞、喉嚨乾燥或疼痛情況，相信大家也會想起傳統的枇杷膏。但如果有以上狀況，但又處於傷風咳嗽感冒初期，就不適合吃枇杷膏了。從中醫藥角度來看，因枇杷膏具有收斂及滋補的作用，會加劇病邪困於體內，無法排出，從而加重病情及延誤康復。而針對感冒後期咳嗽久久未癒或舒緩一般的喉乾問題，選擇吃枇杷膏就有一定的幫助。

市面上售賣的枇杷膏產品，其成份都各有不同。枇杷膏主要成份多數為川貝母、枇杷葉、桔梗。枇杷葉和川貝母，兩種中藥材

的藥性均屬微寒，有清熱化痰止咳的作用，對於肺熱引起痰黃咳嗽有舒緩作用，但川貝母更有潤肺的作用，所以對於無痰乾咳及肺虛久咳，都有一定的幫助。桔梗，藥性較平和，無論寒痰或熱痰都適用，傳統記載桔梗有宣肺化痰、排膿利咽的功用。所以對於痰多稠厚，難以咳出、喉嚨疼痛和嗓子沙啞都有幫助，現代藥理研究也同樣地解釋，桔梗能增加氣管分泌，從而對於痰多稠厚，有稀釋作用，有助痰更容易排出。

某些枇杷膏還會加入其他不同偏性的止咳祛痰平喘中藥材如百部、法半夏、款冬花、苦杏仁、化橘紅、紫蘇子、遠志、生薑等藥性偏溫的中藥材，或加入一些藥性同樣偏寒如膨大海、桑葉、前胡、百合、麥門冬、北沙參等。另外枇杷膏中會加入蜂蜜、麥芽糖、糖漿、粟米糖漿等輔料，輔料的甘甜味除了提高入口程度，還能增強整個產品的潤肺潤喉、補益及緩和藥性的作用。

食得有理
選擇良藥之祕本

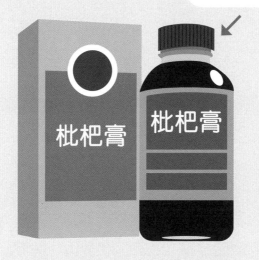

咽喉問題

- 咽乾喉痛
- 聲音沙啞
- 感冒後期，咳嗽久久未癒
- 無痰乾咳

　　從中醫藥角度來看，蜂蜜和麥芽糖都具有補中緩急的作用，對於久咳肺虛和咽乾喉痛有一定舒緩作用，除此之外，還有潤肺止咳的功用：針對舒緩肺燥的乾咳。除了共同的特點外，蜂蜜還具有滑腸通便的功效，肺燥除了引起咽乾乾咳，同時很大機會引起大

便秘結的問題，因傳統中醫藥角度認為，肺經向下與大腸相連，兩者具有緊密的關係，它們無論在生理上相互聯繫，同時在病理上也會互相影響。

而麥芽糖比起蜂蜜，增加了補脾的作用，所以兒時常出現麥芽糖餅的零食給小朋友，因中醫藥角度認為，麥芽糖的補脾功用對於身體虛弱或營養不良的兒童有幫助。

但我們需注意的是，蜂蜜、麥芽糖、糖漿味甘，甘味入脾，進食過多反而會加重我們脾胃的負擔，導致脾胃水濕運化功能失調，水液容易停滯積聚，從而引起痰濕等問題，所以坊間流傳太甜食物會起痰，有其道理。同時這些輔料均屬滋補藥，避免病邪困於體內，感冒和濕重痰多人士都應避免服用；而未滿 1 歲的小朋友，因他們的消化系統發育未完善都應避免服用；患有糖尿病的人士更需特別留意糖份的攝取量；對蜂蜜過敏的人士亦應留意產品所使用的輔料種類。

有以下狀況，都不適合食用

感冒初期

- 流鼻水
- 頭痛
- 咳嗽
- 發燒
- 周身骨痛

痰濕咳嗽

- 痰量偏多

第二章

傳統
涼茶

我們想要的，有時不是我們真正需要的。

人人都以為自己要清熱，但其實有些人需要固本才能真正解決問題。

體質虛弱容易生火，中醫稱為虛火。

內心虛弱容易生成的，我們稱為虛榮，就如我們都以為生活上、物質上、安全感上、情感上的需要很多，一生向外不斷尋找，短暫地舒緩當下的不適，以為好了，很快症狀又回來。

其實是因內心的缺口一直未填補，或許我們一生所追尋及真正的需要是心靈上的滿足。

第二章 傳統涼茶

中國傳統涼茶文化經過多年來民間智慧而形成，為中國國家級的文化遺產之一。昔日由街上每家涼茶店的獨門秘方，店內一個個大銅壺，前面擺放一碗碗涼茶，演化至今日以膠瓶保封，到處的便利店或鐵路站內的保健食品店都可以買得到。涼茶的種類也不少，取起一枝枝涼茶，反過來看看成份功效標籤，寫上清熱利濕作用的起碼有四枝以上，雞骨草、祛濕茶、五花茶、龜苓茶、土茯苓茶等等，看到真的有點頭昏腦脹。這些民間文化智慧是值得流傳的，也有其寶貴的價值，所以我們也應學懂如何選擇合適的。

清熱利濕顧名思義是針對濕的問題，濕可以有兩種情況形成。第一是先天脾胃較虛弱或後天經常進食刺身、雪糕、飲冷飲等寒涼食物及飲食沒有節制，時而過飽時而過飢，過於辛辣肥膩的飲食習慣，都會傷及脾胃，引致脾胃功能變差。脾的功能主要是運化身體內的津液和水液，總稱之為水濕。若脾臟功能不理想，水濕容易停滯在體內，過於積聚就會引起不適的反應，如食慾差、水腫、頭重重，經常感疲倦，白帶偏多，大便稀爛，皮膚痕癢等問題。

第二原因是由環境的外邪所致，我們生活於東南亞地區，氣候有時會十分潮濕炎熱，炎熱的天氣導致我們的皮膚腠理打開，在這時候外界的濕邪容易入侵人體，當我們沒有有效地透過出汗發散或利尿的方式把濕邪排出體外，都容易出現各種由外濕所引起的不適反應，如頭重重，經常感疲倦，水腫等情況。

體內積聚過多的水濕；更會影響肝膽臟腑。如濕和熱邪侵犯肝經，會引起面色較偏黃、胸口脅骨痛、口苦苦、經常感疲倦等問題。

而針對於脾胃的濕可分三種類，單純脾虛導致的濕困、脾胃寒和濕邪的結合及脾胃濕和熱邪的結合。

脾虛濕困，臨床表現是：胃口變差、胃脹脹想嘔吐、大便稀爛，女性白帶增多等問題。脾胃濕熱的臨床表現較單純濕症的症狀多，包括小便量少及排尿出現疼痛、身熱但無汗出、舌質偏紅等不適現象。脾胃寒濕的臨床表現亦較單純濕症的症狀多，如腹部隱隱作痛、四肢出現痛及麻痹感、舌苔偏白等不適現象。

雞骨草

雞骨草是常用中藥材，坊間都會經常使用雞骨草煲水或湯。在傳統中醫藥認為，雞骨草藥性偏涼，具有利濕退黃，清熱解毒，疏肝止痛的作用。而現代研究顯示，有助保肝護肝，所以臨床上對治療肝炎正進行更詳盡的探究。傳統與現代都能共同顯示，雞骨草能舒緩肝經濕熱所引起的症狀。

肝經濕熱症狀：

- 面色偏黃
- 胸口脅骨痛
- 口苦苦
- 易倦

祛濕茶

祛濕茶的主要成份為綿茵陳、白茅根、雞骨草、車前草、木棉花。五種中藥材的藥性均屬寒涼，所以體質虛寒、脾胃虛寒及寒濕的人士都不適宜食用。相反祛濕茶能針對脾胃及肝膽的濕熱問題，有清熱怯濕的功用。當中的木棉花更有解毒的作用。而綿茵陳、白茅根、車前草和木棉花都有利尿作用，傳統中醫學認為透過尿液排泄，能除去身體的濕邪，可舒緩暑濕而引起的尿小赤痛、水腫的不適問題。

綿茵陳和雞骨草能互相增強利濕

食得有理
選擇良藥之秘本

退黃的作用，能改善肝膽濕熱所導致胸口脅骨痛和口苦苦等問題。車前草更有滲濕止瀉及祛痰功用，能舒緩因暑濕所引起的肚瀉和濕熱所引起的痰黃咳喘。整體祛濕茶能同時針對脾胃及肝膽的濕熱問題。但如果你的症狀屬寒濕，就不應該選用祛濕茶了。

五花茶

相信五花茶一定是香港人經常飲用的涼茶之一，不單止涼茶店可以買到，不少家庭也會自己在家動手煲，供一家大小飲用，究竟五花茶是否男女老少都適合飲用呢？首先，我們看看五花茶分別由五種花，有菊花、木棉花、葛花、雞蛋花及金銀花一起煎製而成。整體來說，這五種花的藥性均屬偏寒涼性，所以都具清熱的作用，對於感到發熱、經常口渴、大便不順通、心情煩躁不安等熱症的表現都有舒緩作用。當中每種花各自有其個別的功效，而金銀花及菊花多用於診症治療時入藥，而木棉花、葛花和雞蛋花多為傳統坊間流傳用於預防保健之用。

菊花同金銀花都有疏散風熱及解毒作用；用於因風和熱邪所引起的感冒及從現代藥理研究表示有抗菌、抗病毒、抗炎等作用。而菊花更有清肝明目的作用，對於經常熬夜、夜睡、長期睡眠時間不足的人士很適合，因晚上 11 點到凌晨 3 點的這段時間，是肝膽代謝和修復的黃金時間，如果身體沒有處於好好的休息狀態，會引起體內肝火上升，從而引致眼睛紅腫、澀痛及多紅筋等問題，除此之外，肝主藏血，肝對血液循環有密切關係，如果循環不好，最容易表現在皮膚最薄的上下眼瞼，所以明天起身就會發現多了一對黑眼圈了。

木棉花，傳統中醫藥記載其主要的功用為利濕，所以每逢初春，坊間都會出現拾木棉花曬乾，回家煲水飲用的情境出現。葛花，傳統中醫藥記載其主要的功用為解酒。雞蛋花傳統中醫藥記載其主要的功用為解暑。

整體來看，五花茶屬寒涼飲品，較適合
於夏季天氣較為暑熱的情況飲用。由於夏季
氣溫較高，皮膚毛竅會隨氣溫上升而開泄，
故容易感受暑熱之邪而發病。暑為火熱之氣，
侵襲人體後會表現出一些熱的反應，從而引
起有汗出但持續感到身體好熱、心煩氣躁，
口渴，咽喉痛等不適的表現。五花茶由花類
組成，傳統中醫學認為花類中藥材具有清輕
發散的特性，能把病邪升散出體外而解。同
時暑症多夾小小濕，因夏季也是雨季的高峰
期，所以五花茶中也加入和緩的祛濕元素在
內。但體質虛寒、脾胃虛寒、風寒感冒、陰
虛出現的內熱、孕婦、處於經期女性、容易
經痛的人士就不太適合飲用。

龜苓茶

　　龜苓茶和龜苓膏，這兩個產品名字很相近，相信大家會覺得只是劑型的不同，一個是膏狀，一個是液體，龜苓茶用來迎合不喜歡吃膏狀食物的消費者。但翻一翻成份表，你才會知道它們的成份也有機會存在差別。市面上龜苓茶與龜苓膏也有共同的主要成份為土茯苓和龜板。但其他主要成份中，有些龜苓茶比起龜苓膏較為沒有這麼複雜，只加入決明子和相思藤等。相思藤和決明子的藥性也是偏寒涼，傳統中醫記載相思藤具清熱解毒，利尿的功用。而決明子這中藥名字應該也不陌生，市面有以決明子茶作減肥消脂通便為銷售賣點的產品，看起來真的十分吸引，但決明子藥性偏寒，在傳統中醫藥記載

其有清肝明目、潤腸通便的作用，但要注意某些功用用得不當或不合時，就會變成副作用，出現不是我們預期及治療的反應。例如潤腸通便，對於脾胃虛弱者，則容易肚瀉腹痛，當進食含有潤腸通便功用的產品時，會加劇反應引起不適。

潤腸通便為瀉下作用，有一定的刺激性，所以孕婦、體虛、容易肚瀉、月經期間血量多的人士其實都要避免使用。長期飲用含瀉下成份的飲品，也有機會造成依賴性，不刺激腸道就無法正常順通排便的情況；如果服用份量過多，更會引起大量的腹瀉，損害身體的氣血，令體質變得虛弱。

單單針對大便秘結的問題，傳統中醫藥已可分為熱秘、寒秘、氣秘、虛秘。熱秘是腸胃積熱，出現於經常飲酒、進食辛辣燥熱的食物及熱病如發燒過後的併發問題，熱秘的人士同時會出現口乾口臭、口舌生瘡、便便質地乾和硬、顏色深色而臭。寒秘是腸胃

寒凝，經常進食寒涼生冷食物，寒秘的人士同時會出現口淡淡、怕冷、手足冰冷、反胃想嘔。氣秘是氣滯所致的便秘，同時會出現放屁多，想便便但不能出，便後覺得不清等情況。虛秘為體虛所致，多出現在老人家的老年體虛、大病後氣血兩虛、產後體虛的人士，因氣血兩虛導致大便乾結、便下無力，使排便時間延長。所以決明子藥性偏寒涼，只舒緩因腸胃積熱所引致的便秘問題。

廿四味

廿四味取其名共由二十四種或以上多種藥材所組成，不同的涼茶店所煎煮的廿四味秘方也各有不同，涼茶店有時會因應天氣、地域等而作出配方的加減。歷史悠久的廿四味，主張清熱解毒的作用，我們可以理解清熱為消除身體一些熱的不適症狀，如發熱、面紅、口渴、煩躁、咽喉熱痛。而解毒，我們可以簡單理解為消除身體的毒素，從傳統中醫學方向去分析，蝦、蟹、鴨等是發物，是容易致敏的食品，當體內無法完全有效消化分解，就會產生所謂的毒。從大自然環境邪氣；如風、寒、暑、濕、燥、火入侵體內或體內臟腑功能差，內生邪氣，無法排出，慢慢積聚，亦會形成所謂的毒。根據國務院

頒發非物質文化遺產認定秘方編號 143 的資料顯示，廿四味主要成份為水翁花、相思藤、甘草、布渣葉、救必應。救必應具清熱解毒，消腫止痛，有舒緩咽喉腫痛的作用。布渣葉具消食化滯，清熱利濕的作用，傳統中醫學指導下用於飲食積滯，身體濕熱等問題。水翁花的功效有清熱解毒，袪暑生津，消滯利濕，主要應用於舒緩暑濕及消化不良等不適問題。相思藤清熱解毒，有利尿的功用。甘草在廿四味的角色，主要擔當清熱解毒及調和藥性的作用。

整體來看，廿四味藥性偏寒，主清熱解毒，舒緩因熱和毒所引致的瘡瘍腫痛，如瘡痘、咽喉腫痛等不適反應。前文提過在平時飲食中，蝦、蟹、鴨、鵝等發物易致敏，身體難以完全有效消化分解，容易導致食滯，從而產生毒，所以可

飲廿四味，當中加入布渣葉和水翁花對消食化滯甚有效。

　　不良的飲食，首當其衝是影響脾胃，因食物進入身體後，脾負責提取食物和飲液中的營養物質，在傳統中醫理論下，稱之為水穀精微。水穀精微當中的水液，有一部份會送達全身，有一部份的水液會化為尿液排出體外，這個功能稱為運化水濕，如脾的系統不佳，水濕運化受阻，就會引起內濕問題，此時亦可飲廿四味，因當中的布渣葉和相思藤有利濕及利尿的作用。

　　然而，體質虛寒者、脾胃虛寒、虛熱、老人、孕婦、月經期間、容易經痛、感冒人士（特別是風寒感冒）都不適合飲用。

夏枯草

春天時節肝氣會特別旺盛，如果加上經常捱夜、飲酒、精神緊張，會使肝火更加旺盛，引起不適反應，出現煩躁不安、眼睛充紅筋、面紅頭熱、口苦、胸肋骨痛、大便不順通等情況。夏枯草具有清肝火和疏散鬱結消腫作用，用於肝火量旺盛和肝鬱氣滯的情況，傳統中醫學認為肝主藏血及主疏通，亦有宣洩的功能，把氣、血、津液在我們全身運行暢通。

當肝功能不好，肝氣容易鬱結。如果女性的肝功能不太好，月經前或期間會多出現經前乳房脹痛及情感上抑鬱等症狀，而肝氣鬱結慢慢也會化為肝火，導致肝火旺盛，引

致出現頭痛、眼紅、月經量多，心煩氣躁，口苦口乾及長痘痘的現象。但夏枯草藥性寒涼，所以月經期間或體質虛寒的人士要注意服用。

肝與肺有密切的關係，於全身的氣運行中，肝主升而肺主降。當肝火旺盛於病理的變化上有機會傳至肺，傳統中醫學稱之為肝火犯肺，導致肺的宣降系統失調，出現咳嗽、痰結和黃等現象。所以夏枯草茶中還會加入羅漢果及甘草，羅漢果及甘草味道甘甜，除了可以調和整體夏枯草涼茶的味道，羅漢果還可清熱潤肺，甘草有祛痰止咳的作用。

肝火旺盛和肝火犯肺都會引致大便乾結的現象，加入羅漢果亦有潤通便的作用，可舒緩大便乾結的問題。

夏桑菊

夏桑菊與夏枯草相似，藥性也是偏寒涼，當中加入桑葉和菊花也有清肝火的功效，令整體清肝火的功效較夏枯草強。而菊花和桑葉更有清肝明目作用。對於因肝火旺盛而引起的眼睛紅腫、澀痛及佈滿紅筋問題有舒緩的作用。同時桑葉及菊花還能舒緩因肝火旺盛及可能由於病理變化傳至肺所引起的咳嗽現象，它們都具有疏散風熱的作用，桑葉更有清肺潤燥的功用，所以對於舒緩肝火犯肺所引致的不適，夏桑菊的作用也較夏枯草強。

北紫草夏枯草茶

傳統中醫學認為肝主貯藏血液，當長期肝火旺盛，會傷及肝陰血，使血分有熱，臨床上會有各種出血症狀、皮膚出紅斑、女子經期提前、經量過多、心煩、臉紅、口渴等現象，這時應選用涼血功效的中藥材。

北紫草夏枯草茶當中的夏枯草就擔當清肝火、散鬱結的作用，而北紫草就擔當涼血止痢、清熱解毒的作用。名字上雖然很相似，但北紫草和紫草是兩種不同的中藥材，北紫草其實是「委陵菜」，屬薔薇科植物委陵菜（Potentilla chinensis Ser.）的乾燥全草。

北紫草夏枯草茶

銀菊露

銀菊露的主要成份除了金銀花和菊花外。還會加入雞蛋花。三種中藥材藥性均偏寒涼，所以都有清熱的功效。金銀花及菊花都具有清熱解毒及疏散風熱的功用，有舒緩春夏季因氣溫上升，氣候溫熱又多風，當人體的抵抗力不足，容易受到大自然的風及熱邪入侵人體，從而引起的各種不適，主要表現為發熱、怕吹風、微怕冷、頭痛、咳嗽、口微渴等現象。在西方藥理學角度研究金銀花及菊花的清熱解毒及疏散風熱的功效，顯見為解熱，抗炎，抗菌等的

藥理作用。當夏季的氣溫再不斷升高，我們皮膚腠理容易擴張，當汗出過多，會傷及人體津液及氣，身體會出現多汗、身熱、心煩、口渴、氣短、四肢無力、小便短赤等徵狀，如同我們說的中暑一樣。除了暑熱，夏天的雨量也是一年四季中最多，當雨濕充盛，濕邪容易入侵體內及大家天氣炎熱時愛飲冷飲食寒涼食物，影響脾胃功能變差，水濕過盛，積聚體內，無法排出，身體除了暑邪影響外，還受到濕所引起各種不適反應，如小便不利、大便烯爛、噁心想嘔吐等情況。這時以疏散風熱和清熱解毒為主的銀菊露加入雞蛋花，就多了利濕和解暑作用，有效幫助舒緩暑濕的問題。

火麻仁

火麻仁的主要成份有火麻仁和杏仁。火麻仁的藥性平和，傳統中醫藥認為有潤腸通便的作用，而西方藥理研究也證明火麻仁含多種脂肪油等成份，能夠刺激腸道黏膜，增加分泌，加快蠕動，並減少大腸吸收水份，故有瀉下作用。比較其他有瀉下通便功用的中藥材，火麻仁相對較合適體質較虛弱者，如老人家、大病過後、產後等津血枯少的腸燥便秘。

而苦杏仁在此，主要取其潤腸通便的作用，其藥性微溫，但需要注意過量服用

可引致中毒，苦杏仁的毒性來自於苦杏仁甙水解釋放出的氫氰酸，大量氫氰酸可以導致細胞窒息，引起組織缺氧死亡。但經處理過的苦杏仁、食用前在水中浸泡及加熱煮沸，可減少以至消除其中的有毒物質。

雖然火麻仁藥性平和，但因火麻仁和杏仁都含有較多脂肪油，有一定的刺激性，如服用過量會出現嚴重的腹瀉反應。因此本身脾胃虛弱，容易肚瀉大便稀爛的人士、孕婦、嬰兒都不太適合飲用。

食得有理
選擇良藥之秘本

肝經濕熱

- 胸脅骨痛
- 口苦
- 女性的白帶偏多

脾胃濕熱

- 肚脹
- 四肢沉重及浮腫
- 大便稀爛
- 食慾下降
- 噁心嘔吐
- 肌膚發黃
- 口淡不渴

雞骨草

祛濕茶

上火

- 發熱
- 面紅
- 口渴
- 煩躁
- 咽喉熱痛
- 大便不暢通

廿四味

腸胃積熱

- 有口氣
- 肚脹
- 排便次數減少
- 大便質乾、堅硬
- 每次排便，感到
  大便未完全排出
- 需費力才能排出
  大便

龜苓茶

暑

- 身熱
- 無汗或微汗
- 口不渴
- 頭痛
- 心煩
- 眼睛多紅筋

暑熱症狀偏強 →

銀菊露

濕

- 小便不利
- 大便稀爛
- 噁心想嘔吐
- 四肢沉重
- 感到疲憊

濕症狀偏強 →

五花茶

傳統涼茶

第二章

肝火旺盛

- 煩躁不安
- 眼睛充紅筋
- 眼乾
- 口苦
- 面紅頭熱
- 胸脅骨痛
- 大便不暢通

→

夏枯草

+ **+**

肝火犯肺

- 咳嗽
- 痰黃

血分有熱

- 出血症狀
- 皮膚出紅斑
- 經量過多

夏桑菊

腸燥便秘

- 肚脹
- 排便困難
- 大便乾燥堅硬

北紫草夏枯草茶

火麻仁

食得有理
選擇良菊之秘本

有以下狀況，
都不適合飲用涼茶

體質虛寒

- 怕冷
- 體溫偏低
- 容易生病
- 容易疲勞

脾胃虛寒

- 容易肚瀉
- 容易肚痛
- 大便質地稀爛
- 胃部感寒涼，隱隱疼痛
- 食慾差

虛熱

- 手心、腳底發熱
- 夜晚睡覺容易出汗
- 經常口渴
- 小便量少、偏黃
- 大便質地偏乾堅
- 體虛、容易生病

感冒

- 流鼻水
- 頭痛
- 咳嗽
- 發燒
- 周身骨痛

女士特別情況

- 懷孕中
- 月經期間
- 容易經痛

老人家、小孩

- 身體較虛弱
- 腸胃消化功能較弱
- 需要定時進食西藥

傳統涼茶

第二章

59

第三章
感冒茶

食得有理
選擇良藥之秘本

負面情緒和壓力就像感冒一樣，當我們的意志力不足，負能量就會偷偷入侵我們。它可以很短暫，有時我們睡一場大覺、大哭一場、化悲憤為食量、與朋友傾訴、運動發洩一下就好了。

無論我們用甚麼方法，也是要把它釋放出來。如果我們不理會，就如感冒，你以為很普通，但慢慢日積月累由淺變深，手尾可以很長，影響也可以很嚴重。

一時的壞情緒處理不善，也會隨之帶來一些併發症。一句衝口而出的說話，傷害了身邊愛你的人，深深在他／她的心上留下傷痕；一個衝動的行為，破碎了雙方的信任。

作感冒時，我們也懂得多喝點溫水，為何不開心的我們，也要硬作堅強或不願去面對呢？

有時累了，撒一下嬌，吐一下苦水或選擇離開，不是軟弱，而是一種學會愛自己的表現。

第三章　感冒茶

風熱感冒茶

　　身處節奏急速的大都會，在沉重的壓力和不規律的生活模式下，當我們的抵抗力不足時，大自然環境中的風邪和熱邪容易透過我們的皮毛口鼻入侵身體的最表淺層，傳統中醫理論下稱為表證，表證的發病很快很急，如果及時妥善的處理，可以很快康復，病程較短。當我們感染風熱感冒初期時，會出現發熱、頭痛身痛、口渴等現象，大家稱之為「作感冒」，有些人於這個時候會飲用含中藥成份的感冒茶包、感冒沖劑等。風熱感冒後期，有機會出現咳嗽痰黃，鼻涕黏稠偏黃等。用於解除表證的傳統中藥材大多質輕，辛散氣香，因其特質所以具有疏風發散的功效，把身體表層的病邪發散出體外。市面上

常見於風熱感冒茶內，如荊芥、連翹、野菊花、破布葉、桔梗等。荊芥和連翹都具有解除表證的作用，但荊芥藥性較和緩，主要以散風邪為主，所以無論感染風寒或風熱都適用，而連翹與荊芥比較下，藥性較為微寒，所以除了散風也有散熱的作用。

傳統中醫學認為，風邪的特點，善於遊走，多侵襲我們身體的表面和上部。侵襲身體的上部，就會引起頭痛的情況，侵襲身體的肌表，就會引起皮膚瘙癢等問題。荊芥有透疹消瘡的作用，能夠兼治因風邪而引起的皮膚疹、瘡的瘙癢不適。而有「瘡家聖藥」之稱的連翹，有清熱解毒和消腫散結的作用，對於熱邪所引起的瘡瘍的紅腫和熱痛有舒緩作用。荊芥與連翹完美配合，能夠舒緩皮膚同時受風邪和熱邪所導致的不適。加入野菊花除了能加強連翹的清熱解毒作用，還有並治雙眼起紅筋，腫痛的問題。

感冒時候容易出現「口淡淡」及慢慢出現痰症，傳統中醫學認為肺和脾無論在生理和病理上會相互影響，脾正常的運化水濕有賴於肺氣宣降的協助，而肺之宣降靠脾之運化營養物質以滋養。當肺病時，肺失宣降就會出現咳嗽、氣喘。脾功能一旦受影響就容易引致食滯和水濕內停問題，積聚成痰，肺

之宣降功能失常，痰就難以排出，故有「脾為生痰之源，肺為存痰之器」的說法。所以風熱感冒茶中還會加入一些具消食化滯，清熱利濕功效的中藥材，如破布葉。再加入宣肺、利咽、祛痰、排膿的中藥材，如桔梗。

但需要注意，很多人出現咽喉疼痛，都誤以為一定是風熱感冒，有資深中醫師表示，風熱感冒前期一定出現發熱、口渴，病情逐漸深入，熱邪進入「陰分」才會出現咽喉疼痛的特徵。如果感冒初起，只見咽痛，但沒有任何發熱症狀，是虛火所引起，稱為「虛熱外感」，以都市人經常處於冷氣環境下，較多感染風寒，而非風熱，所以如果使用外感風熱的方式治療，其藥性偏寒，初時會輕微減輕咽痛的問題，但寒上加寒，反而使病情加重。

風寒感冒茶

　　冬天天氣寒冷一時保暖不足或夏天長時間處於冷氣環境，抵抗力不足就會容易因吹風受涼而感染風寒。風邪和寒邪侵襲我們的肺衛，肺是五臟的肺臟腑，衛就是衛氣，衛氣像是身體最表面的一層保護膜，像地球的大氣一樣，抵抗外來的侵襲，當衛氣虛弱，防禦功能下降，我們容易受外邪所侵襲。感染風寒的初期會使我們身體出現怕冷、頭痛身痛、鼻水不停，顏色清稀，如果處理不當會引起嚴重鼻塞、咳嗽、痰稀白等後期的病徵。市面上買到的風寒感冒茶都以藥性偏溫和具有發散功效的中藥為主，如荊芥、防風、羌活、紫蘇梗、生薑。荊芥和防風都有散風作用，相比較下荊芥藥性和緩，所以風寒或風熱都適用，而防風藥性偏微溫。

而於風寒感冒茶加入羌活、紫蘇梗、生薑這三種藥材的藥性屬溫性，能表現散寒的作用。寒邪具有凝滯特性，容易使人體氣、血、水液的運行不暢通，傳統中醫學認為「不通則痛」，所以寒邪特別容易引起各種疼痛，如頭痛、周身痛、風寒濕的關節痛等不適現象，風寒感冒茶中的防風與羌活就有怯濕止痛的功用，兩個配合使用，能增強其功效，而羌活更善於通利關節怯除身體上半部份因風寒濕邪所引起的疼痛，如頭痛、肩臂疼痛和上半身關節痛。

傳統中醫學認為肺和脾在生理和病理上會相互影響，肺寒會引起咳嗽，咳嗽聲會較重、咳出痰稀白。當寒邪傳至胃會引起胃寒嘔吐。加入生薑除了促進發汗，希望藉着汗水把病邪排出體外，還可溫中止嘔、溫肺止咳，對於因感染風寒出現咳嗽和嘔吐等併發症狀有舒緩作用。紫蘇梗的理氣寬中功用能加強生薑的溫中止嘔作用，及其止痛功效可

舒緩因胃寒而引起的腹痛不適。

　　需注意的是感冒茶主要以發散作用較強的中藥材為主，故應適可而止，過量或長時間飲用會引致耗氣傷津等傷及正氣的情況。

風寒感冒

- 怕冷
- 發熱輕
- 頭痛、周身骨痛
- 無汗
- 鼻塞
- 鼻涕量多、清稀
- 咳嗽
- 痰量多、稀白

風寒感冒茶

風熱感冒

- 發燒重
- 頭痛、周身骨痛
- 口渴
- 咽喉發熱、疼痛
- 咳嗽痰黃
- 鼻涕黏稠、偏黃

風熱感冒茶

第四章
咳嗽茶

食得有理
選擇良藥之秘本

咳嗽就如分手後的後遺症，當初問題處理不好，事情結果後，總是出現拖拖拉拉的症狀，以為時間可以令其淡忘，慢慢自行治癒，但卻變得敏感，平日不痛不癢，但受到不以為意的刺激，又再次叩起你的沉睡回憶。

痰是人體肺及支氣管等呼吸管道的黏膜所產生的分泌物，把塵埃、病毒、過敏原等異物排出體外。當上呼吸道感染，會因刺激使分泌物增多。而痰在於中醫藥角度稱為痰飲，一般以質地黏稠者為痰，清稀者為飲，由外邪入侵、脾胃虛弱、內傷、不良飲食習慣等因素，導致水液運化及代謝運動出現障礙，積聚而成的病理產物。

咳嗽是人體清除呼吸道內的分泌物或異物的保護性呼吸反射動作。從中醫藥的角度認為環境的病邪侵襲我們的肺部或肺臟腑本

身虛弱，也會使肺的宣發肅降功能失常，引起咳嗽。所以咳嗽大致上分為由外感引起的咳嗽及內傷引起的咳嗽兩大類，再小分由風寒、風熱或風燥的外邪引起，內傷再小分因肺虛、肝火、脾虛或腎虛所引起。

食得有理

選擇良藥之秘本

風寒咳嗽茶

外感風寒所引致的咳嗽，會出現咳嗽痰多、質稀、顏色白。寒邪具有凝滯特性，會使氣、血、水濕停滯，水濕停滯積聚就會形成痰，所以感染風寒的痰會較多。肺氣停滯，升降出入運動失常，從而引致喘咳。

市面上出售的風寒咳嗽茶，主要有紫蘇梗、北杏、炙麻黃、桔梗、甘草等中藥材。紫蘇梗藥性微溫，有理氣寬中的功用，幫助疏通氣的運行，氣能推動水液的流動，從而減低水濕停滯而形成痰、痰多積滯或寒凝氣滯而導致胸口悶、作嘔、腹痛等不適症狀。

杏仁藥性微溫，在此取其降氣止咳平喘的功效，肺氣的下降運動受阻，就會出現咳

嗽，所以降氣就能止咳平喘。現代藥理研究也同樣指出苦杏仁所含苦杏仁苷在下消化道被腸道微生物酶分解或被杏仁本身所含苦杏仁酶分解，產生微量氫氰酸，對呼吸中樞呈鎮靜作用，使我們的呼吸運動趨向於較安靜狀態，從而達致止咳、平喘的效果。

炙麻黃是用蜂蜜拌炒後製成，藥性都屬溫性，蜜製可減低麻黃過於強烈的發汗作用，加強宣肺平喘的功用，現代藥理研究也證實適量的麻黃（約 2-9 克）當中的偽麻黃鹼和甲基麻黃鹼能夠舒張支氣管平滑肌，從而緩解氣道痙攣，改善通氣，緩解氣喘的問題。另請注意，麻黃用量不宜過多。如過量服用，會出現頭痛、眩暈、噁心、嘔吐等不適反應。如嚴重中毒更可引致心力及呼吸衰竭。同時，含麻黃的產品亦不應長期服用，避免對身體帶來不可逆轉的損害。

桔梗藥性較平和，所以市面上用於風熱或風寒的咳嗽茶也會使用，其功效主宣肺利

咽，對於長期咳嗽導致咽痛及聲音沙啞有舒緩作用及祛痰排膿的功用，有現代藥理研究同樣證實，桔梗的祛痰功效在於桔梗皂甙有鎮咳作用，而排膿功效在於桔梗所含皂甙，能刺激呼吸道黏膜分泌增多，使痰液稀釋，促使痰液更容易排出。

甘草在此取其四種功用，分別是補中益氣、祛痰止咳、緩急止痛、調和藥性。補中益氣有調節抵抗能力及補益脾胃的功用，當脾胃強健，水液運化及代謝運動正常，痰飲就不會形成。祛痰止咳在現代藥理研究也表示甘草能和緩和呼吸管道黏膜上炎性刺激，達至鎮咳作用。同時還能促進咽部和支氣管黏膜分泌，使痰易於咳出，因而達至祛痰作用。甘草的緩急止痛的功用有助舒緩脾胃虛寒引起腹痛等不適問題，而最後甘草除了可調和藥性，其甘甜味也有矯味作用，使之更易入口。

風寒
咳嗽茶

風熱咳嗽茶

　　環境中的風熱之邪侵犯肺臟，肺的升降出入運動失常，引起咳嗽，風熱外邪入裏化熱，熱有消耗的特性，會傷及津液，所以因外感風熱所引致的咳嗽，多出現咽乾紅痛、痰量少、質地黏稠及色黃的現象。

　　市面上出售的風熱咳嗽茶，多數加入桑葉、菊花、桑白皮、枇杷葉、蘆根等藥性偏寒的中藥，發揮其清熱之用。桑葉除了疏風散熱，還具潤肺止咳之功效，滋潤因熱邪傷津之弊，而引起咽乾紅痛，痰質地黏稠，難以咳出的問題。

菊花在此也取其疏散風熱及清熱解毒的作用，清熱解毒類藥物在現代藥理研究表示，具有一定程度的抗菌、抗病毒作用。桑白皮具有瀉肺平喘，瀉肺與其他含清肺功效的中藥比較，桑白皮能夠清肺中的熱外，還有清瀉肺中的水氣之功效，所以桑白皮同時有利水消腫的作用，對於肺熱咳嗽、水飲停肺、水腫的問題都有舒緩作用。枇杷葉具清肺化痰止咳，現代藥理研究同樣表示，枇杷葉中含有的苦杏仁苷在下消化道被微生物酶分解出微量氫氰酸，微量氫氰酸能對呼吸中樞有鎮靜作用，達至止咳作用。

風熱咳嗽茶

一旦肺的氣機運作功能受影響，隨着病理變化趨勢，也會同時影響相關臟腑。在傳統中醫五行學説中提及，肺氣的肅降運動，可以制約肝陽防止肝之升發太過。所以當病邪侵肺，擾亂肺氣的升降出入運動，肺失去對肝的制約，肝陽太過容易化成肝火，肝火上炎，會引起雙眼通紅等不適。風熱咳嗽茶中的桑葉、菊花都共有清肝明目的功效，舒緩病理趨向而出現的兼症。

而胃與肺之經脈相通，胃氣的和降運動也是有賴於肺氣，所以兩者在病理上也存在着相互影響的關係。如邪氣犯肺，肺失肅降，可引起胃失和降，從而引起咳喘及嘔吐等症狀。所以在風熱咳嗽茶也見加入蘆根，蘆根具有清熱生津，除煩止嘔之功效，可消除熱病引起的口渴和煩燥等不適，同時舒緩胃熱和胃氣向上逆引起的嘔吐。

川貝止咳茶

川貝母用於止咳的作用，相信大家一點都不陌生，坊間也有很多有關川貝母的食療，例如川貝母燉蜜糖、川貝母燉雪梨、雪梨蘋果川貝水等等。川貝母其藥性微寒，故有清熱的作用。川貝母含甘、苦二味，傳統中醫學認為甘味能補、能緩、能和，故清熱同時能潤肺，主要舒緩肺熱所引起的燥咳乾咳。苦能洩、能燥、能堅，當中燥為燥濕的意思，水濕過於積聚而形成痰，故川貝母有化痰的作用。

市面上也出售很多川貝母與其他中藥材相互配合的產品，例如：

川貝枇杷止咳茶，其主要成份除了川貝母外，還加入枇杷葉、桑白皮、南北杏、平貝、桔梗和甘草。與市面上售賣的枇杷膏產品成份相似。枇杷藥性均屬微寒，有清熱化痰止咳的作用。桔梗藥性較平和，無論寒痰或熱痰都適用，傳統記載桔梗有宣肺化痰、排膿利咽的功用。所以對於痰多稠厚，難以咳出、喉嚨疼痛和嗓子沙啞都有幫助，現代藥理研究也同樣地解釋，桔梗能增加氣管分泌，從而對於痰多稠厚，有稀釋作用，幫助痰更容易排出。桑白皮藥性較寒涼，清肺熱的作用更強，能瀉肺火，同時瀉肺中水氣，通調水道，故兼有利水消腫的作用。杏仁藥性微溫，在此取其降氣止咳平喘的功效，肺氣的下降運動受阻，就會出現咳嗽，所以降氣就能止咳平喘。現代藥理研究也同樣指出苦杏仁所含苦杏仁苷在下消化道被腸道微生物酶分解或被杏仁本身所含苦杏仁酶分解，產生微量氫氰酸，對呼吸中樞呈鎮靜作用，使我們的呼吸運動趨向於較安靜狀態，從而達致止咳、平喘的效果。

總結川貝枇杷止咳茶，主針對由初期外感所引起咳嗽，轉化為邪熱蘊肺，外感表邪已解，但肺受熱毒所灼，傷及津液，所引起的燥咳，乾咳少痰的中期階段。與風熱咳嗽茶相比較，兩者同樣能止咳怯痰，但風熱咳嗽茶多針對初期外感風熱侵肺所引致的咳嗽，其成份多以止咳同時疏散風熱，解除表症為主。而川貝枇杷止咳茶多以中期的清肺潤肺，止咳為主。

川貝
止咳茶

川貝百合海底椰、川貝雪梨海底椰、川貝杏仁海底椰都是清肺潤肺，止咳化痰，適合肺燥的乾咳，其整體的性質也相較平和，適合初秋時份，天氣開始乾燥，但尚有夏火的餘氣，容易引起的溫燥咳。海底椰從中醫的角度認為具有清熱、潤肺止咳的功效。加入百合，能加強養陰潤肺的作用。加入雪梨，也是取其生津潤燥的功效。

　　風寒感冒的咳嗽及在深秋時份，天氣乾燥，氣溫開始下降的乾咳、氣虛、腎虛、痰濕的咳嗽都不太適合使用。

風寒咳嗽

- 咳嗽痰多
- 質地清稀
- 顏色白

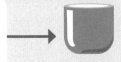

風寒咳嗽茶

風熱咳嗽

- 咽乾紅痛
- 痰量少
- 痰質地黏稠
- 痰色黃

風熱咳嗽茶

肺熱燥咳

- 乾咳
- 咽喉痕癢
- 無痰

川貝枇杷止咳茶、
川貝百合海底椰、
川貝雪梨海底椰、
川貝杏仁海底椰

第五章

民間產後補品

食得有理

選擇良藥之秘本

滴雞精

人大了，從口中說一句我愛你變成一件不簡單的事。內斂地從每個不起眼及習以為常的照顧來表達，就如父母對我們的愛，由每晚為你蓋被，到你經歷人生的每件大事，都為你默默地準備着一切。

　　從傳統至今，父母親手為你所製作的產後補品，是一份禮物，更傳承着一份愛。如果年輕一代也不願意去認識，如何把這份愛流傳下去？

　　永遠都要時刻提醒自己，這份愛從來都不是理所當然。

滴雞精

食得有理
選擇良藥之秘本

　　滴雞精在近年成為流行的養生補品，滴雞精是雞隻在不加水的情況下，經長時間蒸煮提煉而成的精華，聲稱屬低熱量、低鈉，並且含豐富膠原蛋白及多種氨基酸，有補虛的功效。在傳統中醫藥角度認為，雞屬溫性，為補益食材，具溫中益氣、滋養五臟的功效，適合體質虛寒、體虛的老人家、手術後、大病後、產前產後的人士服用，對於難以抽時間整補品的我們，一包包滴雞精，只須加熱就可方便飲用，算是一大恩物。

　　但補品並非時時刻刻都適合飲用，如果體質出現燥熱：容易生瘡和口臭等實熱症狀、正在患感冒、發燒期間、咳嗽痰多、身體濕

重、傷口未癒合、發炎、有血瘀、患有腫瘤、高血壓、患痛風、患腎病等人士都不適合服用。所以手術後或產後媽媽都應等待傷口完全痊癒，沒有瘀血及惡露的情況下，才可安心飲用。我們飲用如雞精等的補益品時，也應時刻留意自己身體狀況的變化，一旦出現作感冒、心煩氣躁、生瘡、難入眠等實熱反應或頭重重、胃口轉差等濕重的反應，都應及時停止飲用。

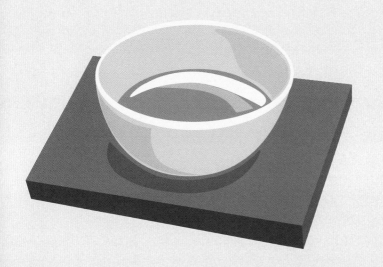

補益藥＋滴雞精

　　購買滴雞精時也應留意產品成份的標識，除了純滴雞精，有些原味滴雞精都已加入中藥成份，如枸杞子、紅棗、黑棗和黃芪。還有林林總總的相關滴雞精產品，如靈芝滴雞精、杜仲滴雞精、王不留行滴雞精、四神滴雞精、四物滴雞精、高麗參滴雞精等等。

　　枸杞子，藥性平和，有補肝腎、明目的作用。從傳統中醫藥理論上，「肝主筋，其華在甲，開竅於目」，補肝使肝血充足，可從我們的筋、指甲和眼睛表現出來。如肝血不足，在筋方面會容易引起抽筋、肢體屈伸不暢等問題，指甲方面會變得軟薄、脆弱容易折斷及顏色蒼白，而眼睛方面容易眼睛乾

澀、眼蒙蒙、視覺功能容易退化等情況。

　　紅棗和黑棗，藥性偏溫，有補中益氣，養血安神的作用。從傳統中醫藥理論上，補中是指補脾胃，脾胃是我們後天維持健康的一個很重要的臟腑，擔當消化並吸收的角色，把食物中的營養物質轉化為氣血。「脾主肌肉，開竅於口，其華在唇」，所以我們可以從肌肉、口及唇看出脾胃是否強壯，如果脾胃不好，體型瘦削，坊間稱為不長肉。在口味方面，脾胃好，味蕾敏銳能清楚辨別酸苦辛甘鹹五味。脾胃不好，唇色方面會蒼白無華。所以脾胃好，身體的氣血自然充盛，精神也隨之飽滿，從而達致安神的作用。

黃芪，藥性偏微溫，有補氣升陽，益衛固表，利水消腫和托瘡生肌的功效。從傳統中醫藥理論上，黃芪歸脾、肺二經，作補脾氣及肺氣。肺司呼吸，如果肺氣虛，呼吸不暢順，容易咳嗽。肺氣還有疏通水液運行的作用，如肺氣虛，水液運行受阻，會引起水腫、生痰、自汗（靜態及氣溫不高也出汗）等現象。而黃芪的益衛固表功效，當中的衛是衛氣，衛有保衛的意思，肺氣把衛氣宣發於我們身體最皮毛表層，像身體最外層的保護膜，用於抵抗外邪入侵，所以黃芪的益衛固表，有增強抵抗力之作用。脾氣和肺氣好，有利於身體水液運行的作用，達致利水消腫的作用。有提及過，脾與肌肉有密切關係，如脾氣虛，不利食物的消化吸收，無法滋養肌肉，傷口或瘡痘就難以修復，久久未癒；補脾氣則能夠托瘡生肌，加快修復。

四神湯＋滴雞精

市面上有售四神滴雞精的產品，把傳統中醫藥的健脾食方四神湯加入在內，四神湯藥性平和，主健脾胃，有補腎、利濕等功效，成份含有蓮子、芡實、山藥、茯苓四種中藥材。

芡實與蓮子的藥性和功效相似，它們藥性平和，芡實補益我們的腎和脾，有補脾止瀉止帶、益腎澀精，而蓮子補益腎、脾及心，更有養心安神的功效。芡實與蓮子味澀，傳統中醫學認為澀味有收斂的特性，所以補脾同時能止瀉止帶，舒緩因脾虛的大便稀爛和女性白帶偏多的問題。補腎同時能澀精，舒緩因腎虛的遺精遺尿問題。而「心藏神」，

神是指整個人體的精神狀態、意識行為及思維活動。若心的功能不佳，容易心慌慌、健忘、失眠多夢、精神恍惚、反應遲緩等問題。

山藥，藥性平和，有補脾養胃、生津益肺、補腎澀精的功效。主要補益脾、肺、腎三個臟腑。補脾的功用，能幫助因脾虛引起

四神湯
＋
滴雞精

的胃口差及經常腹瀉的人士。補肺的功用，
能幫助因肺虛引起的呼吸不暢順及容易咳嗽
人士。補腎的功用，可幫助因腎虛引起的遺
精尿頻的人士。同時山藥，有養陰生津作用，
十分適合陰虛內熱，經常口渴的人士。

　　茯苓，藥性平和，利水滲濕、健脾安神。
其利水及補脾的功效很顯著，用於各種水腫
不適及脾虛食少，大便稀爛的問題。有現代
藥理研究也表示，茯苓利水作用的主要成份
為茯苓素，有利於尿液排出，達到消水腫的
功用。茯苓同時能夠益心脾，達到寧心安神，
提升個人的精神狀態。

王不留行＋滴雞精

　　市面上有推出專為母乳媽媽而設的王不留行滴雞精，產品主張有行血通經、催乳上奶和活血消腫的功效。比較現有市面上產品的成份，不單止加入王不留行，它們多數還會加入白芍、白朮、茯苓和杜仲等多種中藥材。

　　有研究報告指出母乳有容易被吸收及消化的特性，可以好好保護初生寶寶敏感脆弱的腸胃消化道。同時其營養價值和免疫球蛋白含量都很高，可提升寶寶腦部發展和增強免疫力，也較少出現上呼吸道感染和腹瀉等問題。近年來，醫護機構都大力提倡以母乳餵哺初生寶寶。

母乳珍貴，我們應如何確保有足夠的母乳給寶寶呢？傳統中醫學的角度認為母乳不足由三種因素所影響，乳汁不足、乳汁不通及乳腺感染。乳汁是由氣血生化而成，母親於分娩時大量失血耗氣，導致產後的身體氣血虧虛，所以產後的媽媽要調理身體，氣血充裕，母乳自然充足。

　　母親產後過於操勞，經常缺乏足夠的休息時間及情緒上過於擔心、緊張、壓力大等負面情緒，形成鬱結。從傳統的中醫角度認為，肝為情志之本，任何過於劇烈的情緒變化，也會影響肝臟。肝主疏泄的功能，負責暢通我們全身氣的運行，氣同時推動身體中津液如母乳的運行。一旦肝功能受影響，容易引起氣滯，出現乳汁不通的後果。

　　過多乳汁積蓄或乳頭受損感染細菌，容易造成乳腺發炎，乳房出現紅腫熱痛，乳汁分泌不暢通。於傳統中醫學稱之為乳癰，熱

毒聚於乳房，初期的處理以清熱解毒及消癥散結的中藥材為主。

王不留行這個中藥材，其通乳的作用於坊間應該不陌生，王不留行這個名字與其功效一樣，就如明代李時珍所說「此物性走，雖有王命而留不住」。此藥使乳汁長流，即使是帝王也不能留住的意思。王不留行藥性平和，善於行走，通利血脈，能通乳汁，同時有治療乳癰的功用。

除了通乳，還要加強媽媽的氣血，確保有充裕的氣血化為母乳。所以市面上的王不留行滴雞精，還會加入補益的中藥材，如白朮和茯苓。脾為後天氣血生化之源，白朮能補氣健脾，茯苓能健脾安神。加入白芍，取其養血，平肝止痛及斂汗的功效。中醫認為「乳房屬胃，乳頭屬肝」，白芍能養肝陰，調肝氣，平肝陽，緩急止痛，舒緩乳頭的不適。而產後的媽媽也多出現盜汗不適，入睡

後會大汗淋漓，經常潮熱面赤，傳統中醫學認為因分娩時的出血變得陰衰弱，陽氣獨盛於外，引起盜汗不止，白芍能養血，同時斂陰而止汗，改善陰虛引起盜汗。產後肝腎不足和長期照顧寶寶也會容易腰膝痠痛和乏力，杜仲有補肝腎，強筋骨的作用。杜仲於現代藥理研究指出，還能把收縮狀態的子宮恢復正常，協助子宮復原。

王不留行
＋
滴雞精

豬腳薑

豬腳薑是每個廣東家庭有新成員加入必定出現的的習俗食品，供產後的產婦或送給親朋戚友食用，可說是傳統坊間的智慧食療方。豬腳薑的主要食材為豬腳、甜醋、雞蛋和薑。媽媽於生產過程中大量出血，產後的體質容易變得陰血虧虛，體虛容易受風寒，薑主要發揮袪風散寒的功效。同時虛弱的體質容易出現瘀血內阻，於藥理研究表示薑的薑辣素具有抗凝血及抗炎止痛作用。

在營養角度，豬腳含豐富的動物性膠原蛋白，動物性蛋白質包含所有必需氨基酸，有利於身體組織如肌肉的生長和復原。雞蛋的營養價值也是非常豐富，含有人體不能製

食得有理

選擇良榮之秘本

造、必須從飲食中攝取的九種「必需胺基酸」。

在古代醫籍記載，甜醋性溫，在豬腳薑中發揮散瘀止血的功效，同時酸味入肝，也有補益肝血的功效。有現代研究指出，醋能

促進脂肪分解，抑制身體脂肪和肝臟脂肪的堆積，故坊間有醋能減肥的說法。

服用豬腳薑時也需要注意，豬腳薑屬溫熱滋補食療，故脾胃濕滯、濕熱、任何熱症、發炎中、感冒的人士不太適宜進食。豬腳薑中醋的酸性會刺激胃酸分泌增多，故胃潰瘍不太適宜進食。

產後的媽媽都不宜過早食用豬腳薑，因薑有抗凝血的作用，過早大量食用，有可能延長惡露的情況，故自然分娩，應等待傷口無感染，產後一週開始嘗試小量進食。如剖腹生產，產後 20 日至 30 日惡露清除，才慢慢小量進食。如脾胃功能較差，一開始也應小量進食，以免引起消化不良。

麻油雞

　　在台灣坐月期間的媽媽，就盛行以麻油雞作進補食品，麻油雞的烹飪方法也較廣東的豬腳薑方便和快捷。麻油雞的主要成份為麻油、雞肉、薑及米酒。雞肉從中醫角度，藥性溫性，能養血益氣及溫中補脾的功效，為產後媽媽提供足夠的營養，轉化成氣血供身體修復及製造乳汁所需，同時補益脾臟，有固本作用，強化後天氣血生化之源，鞏固吸收營養的功能。在西方營養角度，雞肉含豐富的蛋白質，有利於身體組織如肌肉的生長和復原，同時雞肉屬低脂低熱量的肉類，不會對身體造成太多的負擔。

　　麻油於中醫角度認為有潤腸通便及解毒

生肌的功效，油脂有助滋養潤燥，對於生產過程中大量出血導致陰津虧虛，容易引起腸燥性的便秘或大便乾硬的問題，適量的油脂有舒緩作用。在西方營養學角度，麻油中主要成份為不飽和脂肪酸，對保護心血管疾病也有幫助及含豐富的維生素 E，有很好抗氧化的功能。

薑主要發揮祛風散寒的功效，產後的媽媽身體相對虛弱，容易出現虛寒或外感風寒。同時虛弱的體質容易出現瘀血內阻，於藥理研究表示薑的薑辣素具有抗凝血及抗炎止痛作用，確立從中醫藥角度，薑有活血的功效。

米酒從中醫的角度上，藥性溫性，具有發散和推動的特性，所以有一定散寒、活血及舒筋活絡的功效，與酒本身能夠促進血液循環，加快新陳代謝一樣。同時米酒由糯米作為釀造原料，有高的營養價值，含有十多種氨基酸，故中醫也同時認為可補血養顏，

是有其道理的。米酒並能刺激胃液分泌，有助消化。

　　服用麻油雞時也需要注意，麻油雞屬溫熱滋補食療，故脾胃濕滯、濕熱、任何熱症、發炎中、感冒的人士不太適宜進食。產後的媽媽也應待惡露完全清除後，才慢慢開始進補。

薑母鴨

　　薑母鴨的歷史是由中國古代帝王的養生藥膳再流傳至民間成為家喻戶曉的食療,現在於台灣是流行的養生補品。而一般的薑母鴨主要材料為鴨肉、薑、米酒和麻油,湯底也會加入十多種的中藥材在內,而每家店也有其獨有秘方,如當歸、枸杞、川芎、黃芪、黨參等補益的中藥材。

　　根據傳統古代書籍《本草綱目》所記載,鴨肉藥性偏寒,有大補虛勞、滋陰、消毒熱,利尿消腫等作用。在西方營養學角度,鴨肉屬於高蛋白質、低脂肪量的肉類。故有產後的媽媽於惡露排清後,會選用薑母鴨作坐月子補品,從中醫藥角度,鴨肉和雞肉兩者都

能補虛，但雞肉偏溫熱，長於溫中益氣，而鴨肉偏寒涼，長於滋陰利尿消腫。若體質偏陰虛，會出現內熱，如潮熱，手心腳心發熱，盜汗，小便短少等症狀，及容易上火的人士都可選擇食用鴨肉。

鴨肉因偏寒涼，如果脾胃較為虛寒，就會容易出現腹瀉、大便稀爛等不良反應，古代中醫藥的智慧，把薑及米酒這些溫性的食材加入，以中和鴨肉寒性。除此之外，薑更有活血的功效，米酒更有散寒、活血、補血養顏的作用。

中醫角度認為麻油有潤腸通便及解毒生肌的功效，麻油中的油脂有助滋養潤燥，與鴨肉相配合，中醫認為陰津同源，對於陰虛的人士，因津液不足容易引起腸燥性的便秘或大便乾硬的問題，適量的油脂有舒緩作用。在西方營養學角度，麻油中主要成份為不飽和脂肪酸，對保護心血管疾病也有幫助及含

豐富的維生素 E，有很好抗氧化的功能。

　　雖然市面上薑母鴨湯底中的中藥包也是各師各法，但加入的中藥材也是以補氣、補血的補益藥為主。例如加入黃芪和黨參，都有很好的補氣功效。

　　黃芪主要補脾、肺之氣，補脾氣有助加強脾的運化水液功能，故有利水消腫的作用。脾主肌肉，補脾氣，有助瘡瘍修復，故能托瘡生肌、托毒排膿。補脾氣同時升陽，對於氣虛型的子宮脫垂，有升陽舉陷的作用。補肺氣，肺氣宣發至人體最外層，鞏固衛氣，衛氣為人體的保護網，抵抗外邪入侵，故補肺氣同時能固表，增強抵抗力。肺其華在毛，中醫認為肺透過控制皮膚、汗腺及毛髮，調節人體發汗系統，所以肺氣充足，能夠適當控制汗液排放，對於空虛引起身體處於靜態或未受外界刺激下依然大汗淋漓，中醫稱之為自汗，黃芪就可補肺氣而止汗。

黨參也是主要補脾、肺之氣，但黨參更有生津的作用。於補脾方面，黨參長於舒緩因脾虛所引起的胃口差，食少但大便稀爛的情況。於近代的藥理也同樣顯示，黨參的水煎劑能調節胃腸運動功能。於補肺方面，肺司呼吸而主一身之氣，當肺氣虛弱，呼吸變得短及急速，容易引起喘咳，黨參長於舒緩因肺氣虛的喘咳。而黨參補氣同時生津，而且藥性平和，特別適合氣津兩傷的人士。於中醫理論，津血同源，其生津功能，有機會於補脾的作用，調節胃腸運動功能，促進從食物中吸收更多的水份或刺激人體表現口渴感，增加攝取水份。而我們也知道血液由血漿和血球組成，血漿中九成比例為水份，故津液充足，血量也充足，而近代藥理研究也表示，黨參有能促使紅細胞和血紅蛋白數量增加，故有黨參能生津補血的説法。

於補血活血方面，薑母鴨湯底常加入當歸、川芎等中藥。補血功效主要以當歸，當

歸具補血活血、調經止痛的作用。川芎有活血行氣、怯風止痛的功效。生產過程中媽媽血氣大量流失，除了補血外，活血也同樣重要，因血虛氣虛容易引起的血瘀，中醫認為「不通則痛」，薑母鴨湯底常加入的當歸及川芎都有活血功效，川芎較當歸其特性更善於行走，故更有行氣怯風的作用。兩種合用有助活血行氣能順通氣血的運行，所以相繼也有止痛的功效，能舒緩各種風寒或血瘀所引起的痛症。於現代藥理研究也同樣指出，對於活血方面，當歸有抗凝血和抗血栓作用。川芎內某成份有對已聚集的血小板有解聚作用、血小板聚集有抑制作用及改善血液循環等作用。於止痛方面，川芎內某成份有抗咖啡因作用，能降低神經的興奮性、對中樞神經系統也有一定的鎮靜或抑制作用，能增強戊巴比妥鈉的催眠效果及降低血清中單胺類遞質的含量，有明顯的止痛作用。

　　加入一粒粒紅紅的杞子，可以增多賣相及食慾外，對於媽媽生產過程中氣血流失及

產後忙於照顧嬰孩，缺乏足夠休息，容易出現的虛勞的症狀，如腰膝痠痛、眩暈耳鳴和內熱口渴等情況，杞子就能發揮滋補肝腎，益精明目的功效。傳統中醫學認為，為肝主筋，腎主骨，故補肝腎能強健腰膝筋骨的問題。同時肝也負責藏血，產後血虛，身體無多餘的血液藏於肝，肝血與我們的眼睛有密切關係，中醫認為「肝開竅於目」，當肝血不足，不能濡養雙目，容易出現兩眼乾澀及昏花的現象，故補肝同時能明目。而眩暈耳鳴方面，中醫認為其成因也有好多種，如肝陽上擾、肝風內動、肝腎陰虛、心脾血虛及痰濁中阻等，而杞子主要針對於肝腎陰虛所引起的眩暈耳鳴。

服用薑母鴨時也需要注意，因當中加入不少溫性的補益食材，故脾胃濕滯、濕熱、任何熱症、發炎中、感冒的人士不太適宜進食。產後的媽媽也應待惡露完全清除後，才慢慢開始進補。

體質虛寒、體虛的老人家、大病後、手術後、產前產後

- 精神不佳
- 胃口不佳
- 氣力不足
- 體型俏瘦
- 怕冷
- 手腳冰冷
- 頭髮容易脫落
- 容易出汗

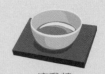

滴雞精
補益藥＋滴雞精
豬腳薑
薑母鴨
麻油雞

心神失養

- 健忘
- 失眠
- 多夢
- 精神恍惚

脾虛

- 大便稀爛
- 女性白帶偏多
- 水腫

腎虛

- 遺精遺尿

四神湯＋滴雞精

餵哺母乳

- 乳汁不通
- 乳汁不足
- 乳房腫脹

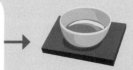

王不留行＋滴雞精

有以下狀況，
都不適合食用／飲用

上火
- 生瘡
- 口臭
- 心煩氣躁
- 難入眠

感冒
- 流鼻水
- 頭痛
- 咳嗽
- 發燒

有傷口
- 傷口未癒
- 發炎
- 瘀血
- 惡露

濕重
- 胃口轉差
- 口水黏膩

特別人士
- 腫瘤
- 高血壓
- 痛風
- 腎病

第六章
傳統中式糖水

食得有理
選擇良藥之秘本

愛情就如糖水一樣，人生中未必一定需要，但有了，人生中會多一份的甜蜜感。

青春時候，我們只懂甜，認為甜言蜜語就代表愛，外表也是我們重要選擇條件之一。

青春過後，發現我們更需要過程中找到能互相扶持、學習、成長的他，他就如中式糖水，未必很甜，很浪漫，但能助你成長，「功效」歷久不衰。

很多時於飯後，口癢還沒覺得滿足，甜品就是最佳的選擇。雖然現在甜品款式包羅萬有，但傳統經典的中式糖水除了能滿足味蕾和肚皮外，一碗小小的糖水還有補益身體的功效，一舉兩得，年輕的一代也應感受一下這份本土情懷和民間食療智慧。

桑寄生紅棗蓮子蛋茶

　　桑寄生，藥性平和，有補肝腎、強筋骨、除風濕、安胎的功效。傳統中醫學認為，肝主筋，腎主骨，故補肝腎，也能強健筋骨，同時桑寄生有除風濕的作用，對於筋骨的風濕的關節痺痛有舒緩作用。所以桑寄生十分適合老人家，容易出現風濕痺痛、腰膝痠軟、筋骨無力的問題。

　　桑寄生當中的補肝腎功能，同時能衍生安胎的功用，因腎為先天之本，與我們的生長、發育和生殖本身已有密切關係，而當中的腎氣也與身體奇經八脈中的沖、任二脈有密切關係，沖脈與女性的卵巢聯繫，任脈與女性的子宮聯繫，如腎氣虛弱，會導致沖任

二脈同時衰弱，容易使胎兒不固；反之，補
腎能強固腎的精氣和沖任二脈，故能利生育，
固胎。對於桑寄生能補肝方面，傳統中醫學
認為，肝主藏血，負責貯藏血液及調節血量，
胎兒健康發育，全賴母親體內血液循行供應
充足氣和血。及補肝使其疏泄功能運作良好，
除了促進消化，同時也促進脾對營養物質的
運化至全身的功能正常操作，從而滋養母體

及胎兒，達至安胎作用。

　　紅棗，藥性偏溫，有補中益氣、養血安
神的作用。從傳統中醫藥理論上，補中是指
強化脾胃，脾胃像工具，是我們後天維持健
康的一個很重要的臟腑，擔當消化並吸收的
角色，把食物中的營養物質轉化為氣血。氣
血是提供能量的物質，氣血充裕，自然精神
狀態飽滿，反應力強，就是中醫所說的安神。

　　蓮子，藥性平和，能同時補益我們的腎、
脾及心，更有安神的功效。傳統中醫藥認為
蓮子當中的澀味有收斂的特性，所以在脾腎
共同負責的水液代謝方面，與水液不同狀態
的表現，如尿、大便的水份、白帶、精液等
都有關係。例如補脾同時能止瀉止帶，舒緩
因脾虛的大便稀爛和女性白帶偏多的問題。
補腎同時能澀精，舒緩因腎虛的遺精遺尿的
問題。而脾腎功能好，先天和後天兩者相輔
相成，互相滋生，使身體有足夠的精血，濡

養我們的心，「心藏神」，故同時有安神作用。

最後糖水中的雞蛋含豐富的蛋白質，能補充身體基本需要的元素，產生能量及幫助身體修復及發展。

桑寄生紅棗蓮子蛋茶可說是適合一家大小，特別益於老人家及孕婦，能同時補心、脾、肝、腎四個臟腑，達致補氣補血、強健筋骨、安胎的功效。

海帶綠豆沙

不要單看一粒小小的綠豆,其功用可以很偉大,自《本草綱目》已記載,用綠豆煮湯來可和解一些由食物或藥物所引起的中毒。綠豆本身藥性偏寒,有清熱解毒、消暑生津、利尿的功效,人體經常處於高溫環境下,會透過不斷流汗從而散熱,暑熱之邪容易入侵體內,使人感到頭昏昏、臉發熱的不適情況,利用綠豆其寒涼的性質,達致消除暑熱的症狀及其生津利尿的功效,幫助舒緩暑熱傷及津液,而引起的口渴、尿赤等不適。在

西方營養學也說明，綠豆含有豐富無機鹽、維生素，可幫助補充因汗液而流失的水份和礦物元素。

綠豆的清熱解毒作用，除了和解食物或藥物的毒性，還對於紅腫的瘡毒也有幫助。從現代的藥理研究能證明傳統中醫理論，綠豆有抗菌的作用，而當中含有豐富的蛋白質，內服可保護胃腸黏膜及綠豆內某成份可與有機物結合形成沉澱物，從而減少或失去毒性，並阻礙被人體的腸胃道吸收。

海帶，中藥稱之為昆布，其藥性同樣偏寒，主要具有利水消腫，與綠豆合用，能加強綠豆利尿利水的作用。

綠豆外殼的纖維，不易被消化及所含的低聚糖，容易被腸道細菌發酵，分解產生氣體，所以當脾胃功能較差，食用後容易出現脹氣、胃痛的現象。所以從中醫的角度，會

於綠豆沙內加入陳皮，陳皮藥性偏溫，有中和綠豆寒性及理氣健脾的作用，健脾能加強及保護脾的消化功能及理氣能行氣導滯，有助減輕和舒緩胃氣積聚。

綠豆海帶均為較難消化及寒涼的食物，所以脾胃虛寒或脾胃功能較差人士，食用後容易出現脹氣、胃痛、腹瀉的現象，於食用前需加以小心注意。月經期間、體質虛寒的人士都應盡量避免食用，以免寒上加寒，引起不適。

蓮子百合紅豆沙

　　紅色會使人聯想起血液，所以紅豆沙一直以來都有能補血的說法，從西方營養學顯示紅豆含有豐富的鐵質，在穀物類中鐵質含量排行榜數一數二，鐵質於體內有助製造血紅素，預防貧血，但因紅豆當中的鐵質以非血基質鐵形式，所以相對較肉類等食物被人體吸收度會較低。古籍醫書也記載，紅豆有利水消腫作用，從現代營養學顯示，紅豆當中鉀質成份，有助維持體內水分平衡，能幫助身體排走多餘鈉質，從而表現出利水消腫的效果。

　　紅豆的高纖維成份，較難消化及所含的低聚糖，都容易被腸道細菌發酵，分解產生

氣體，所以與一般的豆類一樣，當脾胃功能
較差，食用後都容易出現脹氣、胃痛的情況。
所以也建議加入適量的陳皮，利用其健脾理
氣的功用，以緩解不適的現象。

　　而加入百合和蓮子屬補滋的食品，從中
醫藥角度看，百合藥性偏寒，主要針對心肺
兩個臟腑，有養陰潤肺、清心安神的作用。
其養陰作用，除了能夠潤肺，對於口乾燥咳
也有舒緩作用。傳統中醫學認為，肺主皮膚
毛髮，養陰潤肺同時能滋養皮膚，舒緩皮膚
乾燥暗沉的現象。而歸心經方面，如心陰不
足，容易生火，導致心火偏盛，中醫認為心
主神，則會引起心煩、失眠的問題，百合利
用其偏寒藥性，歸心經及養陰的特性，得以
清心養陰，心火問題解決，自然能安隱神志。

　　蓮子，藥性較平和，主要補益我們的腎、
脾及心，其安神的功效能與百合互相配合，
加強功用。而蓮子當中的澀味有收斂的特性，

與百合配合達到養陰同時斂陰。補脾同時能止瀉止帶，收斂因脾虛的大便稀爛和女性白帶偏多的問題。補腎同時能澀精，舒緩因腎虛的遺精遺尿的問題。

脾胃功能較差人士，食用後容易出現脹氣、胃痛、腹瀉的現象，於食用前需加以小心注意。

食得有理
選擇良藥之秘本

杏仁蛋白糊

　　一碗熱辣辣的杏仁蛋白糊，能嚐到其白滑細膩的質感，能聞到其特有的香濃杏仁氣味。杏仁都有甜苦杏仁之分，甜杏稱之為南杏，而苦杏稱之為北杏。坊間流傳的製作食譜，都是以甜苦杏仁兩種食材混合，於加入研磨的比例方面，佔大份的為甜杏。

　　傳統中醫藥角度認為杏仁屬味苦，藥性偏溫，有止咳平喘、潤腸通便的功用。現代藥理研究也證明，杏仁的止咳作用，源自苦杏仁中含有苦杏仁苷，苦杏仁苷在體內能被腸道微生物酶或苦杏仁本身所含的苦杏仁酶水解，產生微量的氫氰酸與苯甲醛，對呼吸中樞有抑制作用。同時因杏仁含有豐富的脂

肪油，適度的油脂攝取能有助潤滑腸道，幫助排便。

甜杏仁在杏仁蛋白糊的比例較多，而於杏仁內有止咳作用的苦杏仁苷成份，含量較苦杏仁為少，所以止咳平喘功效並非杏仁蛋白糊的主要目的，而是利用杏仁的滑腸通便及美顏的功用。其美顏的作用源於苦杏仁富含抗氧化物、不飽和脂肪酸、多種維他命、如維生素 E 等成份，幫助皮膚表面形成天然的油脂屏障，維持肌膚的水油平衡，從而促進皮膚健康，達到滋潤皮膚，改善緊繃、乾燥、炎症的問題。

杏仁蛋白糊另一個成份為雞蛋中的蛋白，蛋白較蛋黃含豐富蛋白質，卡路里也較低及不含膽固醇。蛋白質是構成皮膚再生其中一個很重要的元素，以用作構成細胞、膠原蛋白、皮膚的皮脂膜等，攝取足夠的蛋白質就能讓我們的皮膚展現光澤和彈性。

我們進食前都需要注意，因杏仁有潤腸通便的作用，如果大便稀爛及肚瀉的人士，就不宜食用。

芝麻糊＋何首烏

談過白色的代表——杏仁蛋白糊，其最佳朋友黑色的芝麻糊又怎可能不提及呢？如果問黑色的食物可以補身體哪部份，相信大家都會聯想起頭髮。中醫藥書籍記載，芝麻真有烏髮作用，主因芝麻具有補肝腎，益精血的功效。中醫認為腎，其華在髮，頭髮的質素能反映腎的健康，腎功能好，頭髮也隨之髮量多及烏黑亮澤。同時「髮為血之餘」，益精血，當精盛血旺，滋養身體的物質富盛，頭皮和毛髮得到充足的營養，強壯生長，就不容易脫落和變得枯白。

西方醫學認為脫髮除了跟荷爾蒙分泌轉變有關，與鐵質及蛋白質的吸收不足也有關

係，而營養學就證實黑芝麻和白芝麻都含有
人體所需的蛋白質及鐵質。蛋白質是製造頭
髮的原料，鐵質是製造血紅素的其中一種所
需的營養素，故證明鐵質與血有密切關係，
補鐵就能益精血，從而起了烏髮健髮的作用。

而芝麻還含有豐富的脂肪油，攝取適度的油脂能有助潤滑腸道；芝麻的膳食纖維，也有助於促進腸道蠕動，兩者結合幫助排便，傳統中醫藥書籍也同樣記載芝麻有潤腸通便作用。

市面上也有出現芝麻糊加入中藥製何首烏的產品，經黑豆汁炮製過的何首烏也稱之為熟首烏，其藥性偏溫，有補肝腎、益精血、烏鬚髮、強筋骨的功效，與芝麻的功效相似，但何首烏不僅也是藥物，其發揮功效的作用力相對芝麻強，兩者配合使用能大大增強補肝腎、益精血、烏鬚髮的功效。

芝麻糊的藥性平和，所以很適合老人家、病後等精血虧虛，腸燥便秘的人士食用，但因有潤腸通便的作用，如果大便稀爛及肚瀉的人士，就不宜食用。

番薯糖水

番薯糖水在中式糖水中可説是佔一席位，甜美可口的番薯再配上又甜又辣的薑糖水，既暖胃又飽肚，但也有人很怕怕，因為怕食用後大量放臭屁，引起尷尬；另一方面也有愛美一族對此大愛，因為番薯含高膳食纖維，熱量又低，可以有足夠的飽肚感，是保持苗條體態的佳品。

在中醫藥書籍記載，番薯具有補虛、通便秘等功用。從營養學去解釋，番薯含豐富的膳食纖維，幫助腸道蠕動，從而有通便的作用。番薯還含多種維生素，能補充人體所需及豐富的澱粉質，能迅速轉化成能量，保持精力，故傳統中醫藥也認為番薯有補虛的作用。

但為何食後容易放屁，全因番薯內含有氧化酶，在胃酸作用下，會產生大量二氧化碳，同時番薯含豐富的膳食纖維，腸道菌群幫助分解膳食纖維的時候，也會產生氣體。其實每人每日至少平均放屁 6 至 20 次，正常的放屁是腸道健康的表現；進食過量的高澱粉質及膳食纖維的食物，才會引起屁量變多的問題。

薑是番薯糖水中不可或缺的食材，傳統中醫藥認為薑有解表散寒、溫中止嘔等作用。於寒冷的冬天吃一碗熱燙燙的番薯糖水，能除風寒，對於初起的風寒感冒有幫助。其暖胃止嘔的作用，也對於胃寒吐白泡的人士有舒緩作用。

以現代研究為依據，中醫藥所指的散寒暖胃功效，全因薑內含有兩種成份：薑辣素及薑烯酚。當中的薑辣素能夠促進血液循環，從而提升體溫，所以很適合寒性體質、怕冷、

經常手腳凍冷的人士食用。而薑烯酚則促進體內脂肪及醣類的燃燒，來提高體溫，所以對消脂也有幫助。

如果體熱、有熱症、腸胃功能較差的人，不易進食過多，若自行在家製作，薑的份量可以減輕。

核桃糊

核桃的外形像人類的大腦，民間一直流傳以形補形的說法，故核桃糊有補腦益智的稱號。核桃糊其濃厚的質感，於表面再撒上核桃碎，兩種口感的衝擊，使人大舉拇指。

核桃，藥性偏溫，有補腎強腰、溫肺定喘、潤腸通便的作用。其補腎強腰的功能，特別針對手足怕冷、腰痠背痛、下肢無力，屬於腎虛陽虛的人士。溫肺定喘方面，核桃的肉有滋潤的特性，能滋潤肺臟，適合皮膚粗糙乾枯、口乾聲啞乾咳、屬於肺燥的人士。而核桃的皮有收斂的特性，故有定喘的作用。而核桃能有潤腸通便的功效，源於含有豐富的油脂，攝取適度的油脂能有助潤滑腸道，

食得有理
選擇良藥之秘本

幫助排便。

　　核桃雖好，但有些人是不太適合食用或服用時要注意份量。其中一個是因核桃的脂肪含量和熱量都很高，進食過量容易引致肥胖。如果大便正處於稀爛狀態、有腹痛的人士，因核桃有潤滑腸道的作用，會加劇不適的反應，故應避免食用。體熱、有熱症的人士也要注意，因傳統中醫藥認為核桃，屬溫性，熱上加熱，有機會加重熱症等不適的反應。最後，腎臟病患者不宜食用，因核桃含豐富的鉀和磷，會加重腎臟負擔。

腐竹白果薏米糖水

　　腐竹是豆製製品的一種，由黃豆研磨出來的豆漿，經加熱一段時間，表面慢慢凝結出一層薄膜，豆品師傅細緻地利用筷子挑起，晾曬後就形成一片片晶瑩透薄的腐竹，一煮即溶，入口滑溜。

　　傳統中醫古書記載，當黃豆製成豆漿/腐竹，其性質由平和轉化為偏涼，故有些人食用後容易出現肚痛，大便變得稀釋的現象，因其體質偏寒或脾胃虛寒。腐竹有補虛潤燥、養膚等功效，其補虛作用與營養學研究所指出腐竹含豐富的鐵質及蛋白質有關，攝取足夠的鐵質，有助製造紅血球，而攝取足夠的蛋白質，有助身體各功能的發展和修復。而

養膚方面，相信與營養學顯示腐竹含大豆異黃酮有關，大豆異黃酮為植物雌激素，有一定的抗氧化作用，減低自由基攻擊身體的正常細胞，減低加速老化，也有動物研究指大豆異黃酮有助抵抗因 UVB 照射對皮膚損造成的傷害、減少皮膚脫屑和有保濕的功效，從而促進皮膚健康，保持細膩及彈性。

做任何事我們最怕食白果，在粵語中有「一場空」的含意，但在中醫藥中，食白果一點也不用怕，因白果有斂肺定喘、止帶縮尿的功效，於臨床上會用於舒緩喘咳、頻頻小便、女性白帶偏多的問題。白果有小毒，引起中毒及中毒的輕重與年齡大小、體質強弱及服食量的多少有密切關係，大家也不要擔心，因我們於食用白果前應去種皮及胚芽，煮熟透後才食用，避免生食白果，並且不可過量，就能避免中毒發生。

薏仁又稱為薏苡仁，有生熟之分，熟薏

仁為生薏仁經麩炒炮製後製成的。傳統中醫藥認為，生薏仁藥性偏涼，熟薏仁因經炒製後，藥性會變得更溫和。於功效方面，兩者都有利水滲濕的作用，用於舒緩小便不利、關節濕熱痺痛的不適症及健脾止瀉的功效，用於舒暢因脾虛、引起肚瀉、食少但大便都稀爛等腸胃道不適，但經麩炒的熟薏仁，其健脾止瀉會較強，相對生薏仁的利水滲濕的作用較強。從現代藥理動物實驗也同樣證明，生熟薏苡仁透過提高並促進正常及脾虛模型的胃腸動力，調節並改善紊亂的胃腸激素趨於正常水準，從而改善傳統中醫學所説的脾虛所引起的功能性問題，如消化不良及水濕運化不暢的情況。

薏仁加入腐竹白果糖水內，除了能夠強化脾臟功能，還與腐竹一樣有養膚作用，有現代研究證實，薏苡仁某活性成份，能對黑色素細胞合成黑色素一個很重要的酶─酪氨酸酶有抑制作用，影響黑色素的形成和積聚

過程，從而達到美白肌膚的效果。

　　但腐竹白果薏米糖水也非人人適合，孕婦不建議服用，因傳統中醫藥認為，腐竹白果薏米糖水中的薏仁其性質滑利容易誘發流產，而現代藥理研究也同樣證明，薏仁對子宮平滑肌有興奮作用，可促進子宮收縮。而腐竹白果薏米糖水中的腐竹，為大豆製品含嘌呤鹼，肝、腎、痛風患者應盡量小食及大豆製成品容易產生氣體，引起胃腹脹痛，故不應大量進食，適可而止。

肝腎虧虛

- 頭髮容易脫落
- 頭髮變得枯白
- 腰膝痠軟
- 筋骨無力
- 遺精遺尿
- 視力下降

芝麻糊＋何首烏

肝腎虧虛

- 腰膝痠軟
- 筋骨無力
- 遺精遺尿

氣血虛

- 精神倦怠
- 面色蒼白

脾虛

- 大便稀爛
- 女性白帶偏多

風濕

- 大便稀爛
- 女性白帶偏多
- 風濕痹痛

桑寄生紅棗蓮子蛋茶

暑、熱、毒

- 身熱面紅
- 煩悶
- 口渴
- 尿量少、赤痛
- 紅腫瘡痘
- 水腫

海帶綠豆沙

燥、體虛

- 水腫
- 皮膚乾燥
- 心煩
- 面色蒼白

蓮子百合紅豆沙

肺燥

- 皮膚乾燥
- 輕微咳嗽

腸燥

- 大便質乾、堅硬
- 排便困難

杏仁蛋白糊

肺燥

- 皮膚粗糙乾枯
- 口乾
- 乾咳

腎虛

- 手足怕冷
- 腰痠背痛
- 下肢無力

核桃糊

肺燥

- 皮膚乾燥
- 乾咳

脾虛

- 水腫
- 大便稀爛
- 女性白帶偏多

腐竹白果薏米糖水

虛寒

- 怕冷
- 手腳冰冷
- 胃痛，得溫痛減
- 大便稀爛

番薯糖水

第七章

米水

食得有理

選擇良藥之秘本

一樣米養百樣人。

我們都是芸芸眾生，也是吃着白飯長大，卻因人生閱歷不同，發展出獨特的每一個，我們同生於香港地，卻因經歷經濟起飛、回歸、金融風暴、沙士、雨傘運動、教育改革、樓價高企，山竹颱風等時代巨輪的轉變和打擊下，孕育出不同思想的我們。

但不要忘記，我們生於此，腳下每步的泥土，吸的每口空氣，無論身份高與低，也應珍惜，回饋及捍衛成就今日我們的每一粒米飯及這片土地──香港。

電視劇中會看到古時老百姓沒有錢開飯，惟有每次用小份量的白米煲成粥水，支撐着肚皮不用捱餓。近年市場上竟有以賣米水為題的養生健康店出現，主打正氣又補身，當然售賣的不單純是白米煲水這麼簡單，而是再加入其他材料如紅米、薏米等。而一般家庭式米水的製作方法，都是以材料洗淨，

用清水浸泡一段時間後，加熱約 30 分鐘或以上就完成。

　　穀物類無論於營養健康飲食金字塔或傳統中醫藥書籍《黃帝內經 • 素問》內所提及，都為日常的主要膳食。當中我們每餐的米飯——白米，又稱為大米、粳米，其主要成份為碳水化合物，而維生素 B 和蛋白質等含量屬於偏低，因營養大多數於去除米糠層和胚芽的精製過程中，已被帶走。平日我們攝取白米的醣類——澱粉質，主要為身體提供能量所需，但對於減肥的愛美一族就不太喜歡白米，甚至戒掉白米，全因白米中精緻醣類，容易消化並吸引，使血糖急速升高，刺激胰島素也快速出來，造成身體血糖不穩定，容易刺激身體很快出現肚餓及想吃甜食的感覺。

但傳統中醫如張仲景，就認為大米除了一般食用外，還有藥用價值，經常把大米加入處方中治病，因大米有補中益氣和健脾養胃等作用，用於脾胃虛弱之證外，入藥同時能保護脾胃，減緩因藥物的偏性而傷及脾胃。故言之，平時食米及用米製成的米水，都有一定的健脾養胃的作用。

中醫很重視調養脾胃，因認為脾為後天之本，人出生之後人體內氣血生化，都是透過脾胃的消化和吸收各營養物質轉化而成，平日我們經常進食刺身、雪糕等寒涼食物及飲冷飲，飲食沒有節制，時而過飽時而過飢，過於辛辣肥膩，都會傷及脾胃，一旦內傷脾胃，百病由生。

白米＋紅米＋薏米

　　市面售賣的米水，不單只加入白米，還加入紅米、薏米等材料，以提升整個米水的營養價值及增加食療功用。現代營養學表示，紅米較白米所含的維他命 B 及鐵質含量都較高，維他命 B 主要幫助身體新陳代謝，從而保持指甲、頭髮健康，還有讓人減壓的效果。而鐵質於體內有助製造血紅素，預防貧血，與古代坊間認為紅色的食物，與血的顏色一樣，故認為紅米有補血作用的説法，也不是沒其道理。紅米呈現紅色，是因含有花青素，花青素有很好的抗氧化作用，對心臟和眼睛的健康有一定的幫助。

加入薏米，藥性偏涼，主要表現利水滲濕的作用，現代研究則引證，因薏米含豐富的鉀質，有助身體水液平衡，從而能舒緩水腫的問題。近年的研究也指出，薏米能影響黑色素的形成和積聚，故某程度上能有美白肌膚的效果，當然不能完成依賴它，平日也應注意防曬，減少皮膚長期於陽光下接觸，適量的運動加速新陳代謝等種種因素的配合。

但需注意孕婦及月經期間，就不適合飲用，因當中的薏仁，除了藥性偏涼，對子宮平滑肌也有興奮作用，促進子宮收縮，使孕婦引起滑胎，月經期間的女士經量會增多及因刺激子宮，加劇痛經的情況。

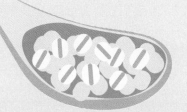

紅米+薏米+黑芝麻+黑豆

市面上還推出去除白米，另加入黑芝麻和黑豆的組合，主打適合黃昏時段下午五至七時飲用，此時為氣血循行腎經、膀胱經的時間。傳統中醫學認為腎和膀胱共同配合，管理身體內尿液貯藏及排泄功能，協調水液的代謝。於養生學角度上，下午五至七時，我們應多飲水，促進體內的廢物透過排尿清除，同時也可進食一些補腎的食物，強化其功能及代謝。

傳統中醫學認為黑色入腎，加入黑色的黑芝麻及黑豆，能添加補腎的作用。黑芝麻，藥性平和，有補肝腎、益精血、潤腸通便的作用。於中醫藥臨床上多用於肝腎虛所引起

食得有理
選擇良策之秘本

頭暈眼花、耳鳴耳聾、頭髮早白脫髮、腸燥
便秘。從現代研究去引證，黑芝麻的補腎作
用，能改善腎功能，保護腎臟作用，有賴於
黑芝麻當中的芝麻素。而黑芝麻的補肝作用，
則有賴黑芝麻中的黑色素。同時中醫學認為
腎和肝與身體內兩種物質關係密切，有「腎
臟精」、「肝主藏血」的理論，黑芝麻於補
肝腎的同時也能加強人體內的精和血，由現
代研究引證這個理論，因黑芝麻內含的精氨
酸具有改善性功能障礙，及有效提高精子數
量及活動力的臨床作用。於血方面，因黑芝
麻含豐富的鐵質，助身體造血，預防貧血。

對於潤腸通便的作用，因黑芝麻含一定量的油脂，攝取適度的油脂能有助潤滑腸道，幫助排便。

　　黑豆與黑芝麻一樣，其色烏黑，中醫認為黑色入腎，同時其豆形貌似腎狀，根據「以形補形」的古老說法，故認為黑豆也有補腎的作用。根據藥典及古籍的記錄，黑豆具有益精明目、養血祛風、利水解毒的功用。但於現代研究中，未有保腎功用的研究數據出現，報告主要顯示黑豆含豐富的維生素及異黃酮——植物雌激素，具抗氧化作用和調節體內激素水準等結果。

紅豆米水

　　查看成份表，當中加入紅米、薏米和紅豆。這個組合中，紅豆能與薏米共同增強利水消腫的表現，因兩者都含鉀質成份，有助維持體內水份平衡，能幫助身體排走多餘鈉質、舒緩水腫的問題。及紅豆能與紅米一起增強補血的作用，因兩者均含有鐵質，有助製造血紅素，預防貧血。對於女士月經期間，容易出現水腫、胃口不佳、貧血等現象，皆有舒緩效果。

炒米水

　　中國傳統認為產後媽媽身體虛弱，不應直接飲用開水，應以炒米茶代替。一般的製作方法簡單，將乾燥狀態的白米放入熱鍋內，用小火翻炒直至白米表面呈微黃色。經炒製後的白米，性質變得更溫和，適用於容易虛寒的產後體質，飲用炒米水，能有溫胃散寒、健脾的作用。不單只適合產後媽媽，一些生病引起消化能力下降的人、或胃腸較差容易肚瀉的人，都適合飲炒米水作為保健養生。

食得有理
選擇良藥之秘本

燕麥米水

　　根據《本草綱目》記載，燕麥藥性平，有充飢潤腸等功效。依據現代營養學，燕麥含豐富的不可溶性膳食纖維及可溶性膳食纖維，不可溶性膳食纖維容易產生飽肚感，達致傳統醫學所說的充飢的功效，而可溶性膳食纖維，則能夠溶於水中，有傳統中醫藥學所說的潤滑大腸的效果，使糞便柔軟濕潤，預防及舒緩問題。

　　同時現代研究顯示，燕麥中的可溶性纖維可減慢身體對血糖的吸收，有助穩定血糖；可溶性纖維會與膽汁結合，減少腸道對膽固醇的吸收，並且把它排出體外，有助降低血液中的膽固醇水平。但對於燕麥有過敏的人士則不適宜飲用。

便秘

- 肚脹
- 排便困難
- 大便質乾、堅硬
- 需費力才能排出大便

燕麥米水

胃腸較差

- 容易肚瀉
- 胃痛
- 口淡淡
- 胃口不佳
- 飲水覺淡味作嘔

炒米水

血虛

- 面色蒼白
- 唇色淡
- 月經量少
- 月經色淡
- 容易頭暈眼花

濕

- 水腫
- 手腳浮腫
- 尿量少

紅豆米水

食得有理
選擇良品之秘本

肝腎虛

- 頭暈眼花
- 耳鳴耳聾
- 頭髮早白
- 脫髮
- 便秘

濕

- 水腫
- 手腳浮腫
- 尿量少

紅米
＋
薏米
＋
黑芝麻
＋
黑豆

濕

- 水腫
- 手腳浮腫
- 尿量少

基本

- 補充營養

白米
＋
紅米
＋
薏米

第八章
常見飲品

食得有理

選擇良策之秘本

人類充滿靈性，遇到危機，我們會逃跑，遇到巨大創傷，大腦會自動失憶，忘記痛楚保護自己。

遇到喜歡的，有成功感的，會想去追求；遇到身邊對你好的人，善良的人，會想去接近和一直待在他身邊。

但人同時也很特別，會習慣，會麻木。待在一個充滿氣味的環境久了，大腦會讓我們對此氣味不再敏感，變得自然，其實氣味一直不變。

一個不斷在你身邊付出的人，大腦也會習慣，他的愛、行為同存在會變得理所當然。

所以好的，會讓它一直流傳後世，成為今日的傳統；不好的，我們會把它拋諸腦後，成為昨日的歷史。

　　一直把它留在身邊，一定有它的理由和價值。但往往經常在我們身邊的，我們卻習慣了，視而不見，其實生活中圍繞着很多傳統中醫藥的元素，身邊也有很多能讓我們幸福的東西，只是漸漸我們也不以為意了。

酸梅湯

　　平日我們去火鍋店時，大多數會看見酸梅湯的蹤影，因大魚大肉後，酸梅湯有助消滯。炎炎夏日，也喜歡飲用酸梅湯，因酸梅湯有生津的作用。但坊間對於酸梅湯的配方都各有不同，但不可缺少的食材一定有烏梅、山楂、甘草及冰糖，而有些配方則再加入麥芽、桂花、陳皮等。

　　傳統中醫藥認為烏梅藥性平和，但其酸味突出，酸有收澀的特性，故烏梅有生津、斂肺止咳、澀腸止瀉等作用。

　　酸梅湯一直有可解渴的形象，因酸梅湯中的烏梅及山楂有強烈的酸味，能促使唾液腺分泌出大量的唾液，所以中醫藥也認為烏

梅有生津功能，當中的「津」是指身體各種
生理水液，就如唾液。

　　而酸味的衝擊會使人精神為之一振，原
來也有研究指出，烏梅當中的檸檬酸有抗疲
勞作用，可將血液疲勞
物質——乳酸分解及排
出體外，避免與肌肉蛋
白結合，並可使葡萄糖
效力提高，從而釋放更
多能量以消除疲勞。

　　對於烏梅的酸性特
質，中醫藥還認為有斂
肺止咳的功用，於研究
實驗結果顯示，鎮咳的
有效藥用部位只在於烏
梅的核殼及種仁，而果
肉內並無鎮咳的有效成
份——苦杏仁苷。而烏

梅除了與中醫學認為「肺司呼吸」的呼吸有關外，而現代實驗則指出，還對「肺主皮毛」的皮膚有關，烏梅酸性成份提取物，能抑制黑色素合成的關鍵酶——酪氨酸酶，從而阻礙黑色素形成。

　　而對於澀腸止瀉方面，現代研究只顯示於體外研究中烏梅對多種細菌也有抑制作用，但未有體內或止瀉機理等數據結果。相信於這方面，值得更多科學的探討。

　　但對於含烏梅的產品，孕婦、胃酸分泌過多、胃潰瘍等人士應避免服用，因其酸性會刺激胃部，加劇不適及有研究指出烏梅對平滑肌有一定的刺激性，例如對子宮平滑肌有興奮性，使子宮收縮振幅提高及對膀胱逼尿肌有興奮作用，刺激逼尿肌收縮，增加尿急的情況。

　　酸梅湯中另一個主角——山楂，藥性偏

溫，主要表現消食健胃、化濁降脂、行氣散瘀等作用，多用於食滯不適。現代研究也同樣證實，山楂對於消化系統有很好的治療表現，山楂多種的活性成份如有機酸，能夠有效增加胃中消化酶的分泌及對胃腸道功能作出雙向性調節，能促進或抑制胃腸道蠕動。

而山楂的化濁降脂作用，以現代研究去理解及證明，山楂中的山楂黃酮、山楂果膠、山楂植物甾醇及三萜酸類都能有效降低血脂含量，降低總膽固醇（TC）、甘油三酯（TG）、低密度脂蛋白膽固醇（LDL-C）的水平，並且升高對身體健康的高密度脂蛋白膽固醇的水平。

但孕婦也應避免飲用含山楂的產品，因其活血散瘀作用，於現代藥理也顯示，除了能改善血液循環外，還有收縮子宮的現象。

於基礎配方再加入桂花，其氣味芳香，

同時有舒緩口臭的功效，對於進食火鍋口味偏重，於酸梅湯加入桂花就有助減淡口氣。及傳統中醫藥認為桂花性質偏溫，能溫中散寒、暖胃，對於夏日經常飲冷飲，影響脾胃功能變差而出現口淡淡、不思飲食等不適，於酸梅湯加入桂花有護胃，溫胃的作用。

而加入麥芽，就有助加強酸梅湯幫助消化的功效，因中醫藥認為麥芽藥性平和，有行氣消食、健脾開胃的作用。

現代藥理研究指出，因麥芽有促進小腸推進功能和胃排空的功能，對於胃酸及胃蛋白酶的分泌也有輕微促進作用。

如以母乳餵哺的產後媽媽就須多加注意，飲用酸梅湯內有否麥芽成份，因傳統中醫藥認為麥芽還有回乳消脹的功效，而現代研究也證實，麥芽有抑制機體中催乳素分泌水平，減少乳汁，從而起回乳的作用。

而陳皮為健脾理氣要藥，加入陳皮也是有助增強整體酸梅湯消化導滯的作用，現代研究實驗指出，陳皮有促進胃排空及腸推進運動功能的作用。其藥性偏溫，也有溫中功效，對於夏日經常飲冷飲，導致影胃功能變差，也有舒緩作用。

竹蔗茅根粟米鬚水

竹蔗茅根粟米鬚水

　　清甜的竹蔗茅根粟米鬚水也是常見食火鍋的飲品選擇，有些食譜還會加入紅蘿蔔及馬蹄等食材。白茅根藥性偏寒，有清熱利尿、涼血止血作用，主要用於血熱所引起的各種出血症狀，而現代藥理研究證實，其止血作用源自能夠促進凝血酶生成、影響凝血系統和血小板聚集。對於利尿方面，透過增加腎血流量及腎濾過率，達致利尿功效。

另一個主角——粟米鬚,傳統中醫藥認為其性質平和,主要是清熱利尿及平肝利膽,現代研究證實其利尿功效源自玉米鬚多醣,及粟米鬚能增加膽汁分泌,使黏稠度密度和膽紅素減低,起利膽退黃的功效,同時增加膽汁分泌有助脂肪在腸內的消化和吸收。

故食火鍋後飲用竹蔗茅根粟米鬚水,有助消解肥膩食物。進食火鍋時,容易不知不覺攝取過量的鈉,引起水份滯留,出現水腫,飲用竹蔗茅根粟米鬚水就有舒緩的作用。

因白茅根藥性偏寒,若身體虛寒,脾胃虛弱、容易肚瀉的人士就要注意。

洛神花茶

近年被譽為「植物界紅寶石」的洛神花引起大家的關注，市面也出現很多自製洛神花果醬、洛神花蜜餞、洛神花茶的教學或產品。

坊間對洛神花的功效有很好多說法，有斂肺止咳、降血壓、解酒、養血養顏、利尿等等的功效，因洛神花不是主要入藥之用，所以於藥典上沒有明確的功效藥性說明，中醫藥一般認為，其性質屬偏涼。

針對洛神花的現代成份研究則顯示，當中的木槿酸有降血壓的功用，而花青素有很好的抗氧化功能，原兒茶酸則有良好的抗氧化及抑菌的作用。洛神花茶對於平日適量的飲用，都有一定的保健養生價值，但飲用或食用前也應多留意營養標籤，如果於茶或蜜餞內的糖含量偏高，就要多加留意，避免因攝取過多糖份，而引起身體其他的不適。

食得有理
選擇良藥之秘本

冬瓜茶

　　傳統冬瓜茶於台灣為人熟悉及深受歡迎，甜甜清涼的冬瓜茶成份簡易，是以冬瓜、黑糖煎煮而成。中醫藥學認為冬瓜，性質偏涼，於夏日暑熱時飲用，就有解暑熱的作用。現代成份研究，因冬瓜的鉀鹽含量高，有助維持體內水分平衡，能幫助身體排走多餘鈉質，從而有利水消腫的表現。當中的冬瓜多醣更有良好的抗氧化效果。

　　但冬瓜性質偏涼，若身體虛寒，脾胃虛弱，容易肚瀉的人士都要多加注意。以及飲品用黑糖煎煮，糖尿病的人士也需多加注意攝取糖的份量。健康的人士也要避免攝取過多糖份，因傳統中醫學認為甜味入脾，過多

會加重我們脾胃的負擔，導致脾胃水濕運化
功能失調，從而引起痰濕等問題，就如坊間
所說食太多甜食物會起痰。

桑椹汁

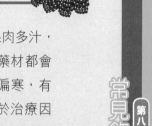

外形像迷你版黑提子的桑椹，果肉多汁，而且藥用價值豐富，無論當食材或藥材都會使用到。傳統中醫藥認為桑椹藥性偏寒，有滋陰補血、生津潤腸的功用，多用於治療因血虛所引起的頭暈耳鳴、煩躁失眠、經常口渴、大便乾結等臨床表現症狀。

桑椹含豐富的鐵和維生素 C 含量，鐵質就有助製造血紅素，而維生素 C 則有助鐵質吸收。桑椹中另一個重要的活性成份──桑椹多醣，研究指出也有促進造血細胞生長的作用，從多種的成份相互配合，就達到傳統中醫藥學所認為的滋陰補血作用。

另一方面，傳統中醫藥認為「肝主藏血」，肝與血之間有密切關係，故於理論上桑椹對血有補益作用的同時，也應對肝有一定的作用，而現代研究則證明這一點說法，結果顯示桑椹多醣有顯著護肝功用，而研究實驗設計應用於酒精對肝臟傷害方面。

桑椹另一個功效為生津，傳統用於舒緩極度口渴的臨床表現，此表現與傳統中醫學稱之為消渴症或現代西方醫學稱之為糖尿病的其中一個重要的表現特徵一樣。而古籍《唐本草》中也有記載，桑椹對消渴症有幫助，而此病為慢性高血糖為特徵的代謝性疾病，現代藥理研究也證實桑椹有降血糖的功用，從而有舒緩引起口渴的不適現象。

桑椹還有提高免疫力、抗衰老、降血脂等現代研究結果，桑椹雖有良好的藥用及食材價值，但中醫藥學認為桑椹的性質都屬偏寒，若體質偏寒或脾胃虛寒的人士，就須多加注意。

羅漢果水

食得有理
選擇良藥之秘本

羅漢果茶的製法簡易，只需將小量羅漢果打碎，加入熱水浸泡數分鐘便可飲用。傳統中醫藥記載，羅漢果藥性偏涼，具有清熱潤肺、利咽開音及潤腸通便的功效，臨床上多用於夏季時候，受風熱之邪入侵肺臟，影響肺臟正常的氣機升降，導致咳嗽頻數及咽喉發熱的不適現象。而熱邪入侵人體後，還會耗損體內津液（水份），故身體同時出現咽喉乾澀疼痛及黏連濃稠的黃痰等各種上呼吸道感染的不適問題。

中醫藥學認為羅漢果主要針對肝與大腸二經，兩者有着相互關係，而肺與人體呼吸有關，大腸與排便有關，故潤肺止咳同時也能潤腸通便，現代藥理實驗也同樣證實羅漢果有平喘及調節消化道運動的作用。

對於咽喉方面，羅漢果中某活性成份則透過抑制口腔病菌和通過調節免疫系統防止及抑制發炎，從而達致中醫藥所説的利咽功效。

羅漢果除了能體現傳統中醫藥的功效外，現代研究更發現，羅漢果當中一種成份三萜化合物，它的甜味是蔗糖的三百多倍，羅漢果不單止甜味十足，更同時有降血糖的作用，其透過抑制食物葡萄糖轉化和對胰島素分泌水平，有促進作用來調節機體血糖平衡。

但若體質屬偏寒（怕冷喜溫，手腳容易冰冷，容易生病）、脾胃虛寒（食寒冷食物容易腹痛，稍微喝點熱水便會有所緩解）、屬寒咳的人士（咳嗽聲重、痰稀白色呈泡沫狀）就不適宜飲羅漢果水。

無花果蘋果雪梨茶

　　無花果蘋果雪梨茶主要發揮潤肺的功效，特別適合秋天時份，因秋天雨水開始減少，環境中相對濕度也相對下降，會出現乾燥的情況，加上由夏轉至秋天，還夾雜夏季盛餘的熱氣，故環境會同時出現熱和燥之邪。

　　熱燥之邪容易影響我們的肺臟，引起喉乾、鼻腔乾澀，嚴重會導致流鼻血的不適現象。同時「肺主皮毛」，肺與人體的皮膚也有密切關係，故我們的皮膚也會出現乾燥拉扯、皺紋、龜裂脫皮，甚至癢瘍的現象。

　　適量的飲用無花果蘋果雪梨茶有助舒緩乾燥不適，因傳統中醫藥認為雪梨性質偏涼，

蘋果則較正氣，兩者都具有清熱、潤肺生津的功效。近代實驗也發現蘋果皮的抗氧化成份也很高，有一定的食用價值，所以如自家製作，也可考慮徹底洗淨後皮連果肉一起煮製。而無花果性質也屬平和，現代研究指出無花果具有增強免疫力、抗菌、抗氧化等藥用及保健的作用。

　　整體無花果蘋果雪梨茶的性質平和，適時適量的飲用，可達至保健的功效。

第八章

常見飲品

花旗參石斛麥冬茶

花旗參又稱之為西洋參，與人參比較，人參屬微溫，主大補元氣，補氣血兩虛，就如古時形容它為救命藥，用來「吊命」之用，主要針對嚴重的體虛、氣血兩傷的病患使用。相反花旗參其藥性偏涼，主補氣養陰，還能清熱生津，對於氣陰兩虛，加上當中的陰虛容易生火，中醫稱之為「虛火」，經常出現疲倦無力，容易汗出，行幾步就喘氣，午後手心腳心發熱出汗的症狀，如選用人參大溫補，只會火上加油，增加身體熱症的不適，故選用花旗參就較為適合。

加入藥性也屬偏微寒的石斛能增加花旗參的清熱養陰功效，因石斛也能滋陰清熱，而另有益胃生津的功用，這方面我們可以從現代藥理研究去加以理解，研究結果顯示石

食得有理
選擇良藥之秘本

斛含有豐富的黏液質，可促進胃液的分泌，與中醫藥學所說的「生津」功效相對應，當中的「津」為人體各種分泌液及體液的總稱。及石斛當中的成份，有助消化及促進腸胃運動，與中醫藥學所說的「益胃」功效也相吻合，有助提升胃的正常生理活動。石斛透過對身體各種調節後，最後還能改善便秘，舒緩陰虛內熱人士容易出現大便乾燥堅硬，排便困難的問題。

對於體質較虛弱的人士會容易感疲倦及生病等現象，石斛在動物實驗數據上也顯示出有抗疲勞及增加免疫力等作用，達致中醫藥學所說的「補虛」。

至於麥冬，其藥性也偏微寒，能增強整個產品養陰生津的功效。除此之外，麥冬還有助改善陰虛體質容易出現心煩、睡眠質素欠佳、皮膚乾燥等問題，全因麥冬另有潤肺清心的功效，中醫認為「肺主皮毛」，皮膚的好壞，有賴於肺臟宣發衛氣於皮毛的功能，

把各種營養帶到皮膚，皮膚就自然顯得潤澤及細嫩。及中醫認為「心主神志」，日常的精神意識和情緒思維的穩定，有賴「心臟神」的功能，心火清解，自然就心平氣和及一睡到天亮。然而，花旗參石斛麥冬茶偏寒涼，故脾胃虛寒、容易大便稀爛、腹痛肚瀉及外感風寒的人士都不適宜飲用。

食得有理
選擇良藥之秘本

虛火

- 中午及夜晚容易發熱
- 手心腳底發熱
- 容易出汗
- 心煩
- 口咽乾燥

花旗參石斛麥冬茶

燥

- 皮膚乾燥
- 喉乾
- 鼻腔乾澀

無花果蘋果雪梨茶

肺燥熱

- 咽喉乾澀疼痛
- 聲音沙啞
- 咳嗽
- 濃稠的黃痰

羅漢果水

陰血虛

- 頭暈耳鳴
- 煩躁失眠
- 經常口渴
- 大便乾結

桑椹汁

暑熱

- 身熱
- 面赤
- 煩躁
- 汗多
- 口渴
- 小便量少及黃

冬瓜茶

養生

- 幫助消化
- 抗氧化

洛神花茶

食得有理
選擇良藥之秘本

膀胱濕熱

- 水腫
- 小便量小
- 小便澀痛
- 小便顏色黃濁

肝臟濕熱

- 口苦
- 眼白偏黃
- 胸脅疼痛

竹蔗茅根粟米鬚水

食物積滯

- 肚脹
- 胃脹痛
- 有胃氣
- 便秘
- 不斷放屁
- 口臭
- 食慾下降
- 食小量已胃脹不適

酸梅湯

後記

　　無論你害不害怕選擇，它都會找上你，因我們每分每秒也經歷着無數的選擇，其中一個成長的特徵，就是要讓自己懂得選擇，累積着知識及經驗，對於未知的選擇也不後悔，堅信自己的理念，就能不畏懼下一個選擇與未來。而一生裏其中一個最需要特別感謝的是，自己。

　　感謝你每一個嘗試。

　　感謝你作出每個選擇。

　　感謝你取出勇氣。

　　感謝你再苦也努力走過。

　　感謝你願為這個我付出。

　　感謝你把我變成更好的我。

　　最後，感激你閱讀此書。

食得有理
選擇良商之秘本

www.cosmosbooks.com.hk

書　　名	食得有理：選擇良藥之秘本	
作　　者	黃顯瑾	
責任編輯	王穎嫻	
美術編輯	郭志民	
出　　版	天地圖書有限公司	
	香港皇后大道東109-115號	
	智群商業中心15字樓（總寫字樓）	
	電話：2528 3671　傳真：2865 2609	
	香港灣仔莊士敦道30號地庫 / 1樓（門市部）	
	電話：2865 0708　傳真：2861 1541	
印　　刷	亨泰印刷有限公司	
	柴灣利眾街德景工業大廈10字樓	
	電話：2896 3687　傳真：2558 1902	
發　　行	香港聯合書刊物流有限公司	
	香港新界大埔汀麗路36號中華商務印刷大廈3字樓	
	電話：2150 2100　傳真：2407 3062	
出版日期	2019年6月 / 初版	

體質與身體狀況因人而異，本書提及之方藥及治療方法，並不一定適合每一個人。
讀者如有疑問，宜諮詢註冊中醫師。